地下工程高强支护理论
与智能施工方法

江 贝 王 琦 王鸣子 著

中国建筑工业出版社

图书在版编目（CIP）数据

地下工程高强支护理论与智能施工方法 / 江贝，王
琦，王鸣子著. — 北京：中国建筑工业出版社，2024.7
ISBN 978-7-112-29667-5

Ⅰ．①地… Ⅱ．①江… ②王… ③王… Ⅲ．①地下工
程-工程施工 Ⅳ．①TU94

中国国家版本馆 CIP 数据核字（2024）第 055860 号

本书是作者十多年来在地下工程围岩稳定控制方面研究成果的总结，全书系统性地总结和阐述了地下工程高强支护理论与智能施工方法。

全书共有 7 章内容：第 1 章绪论，第 2 章地下工程高强支护理论，第 3 章巷道全比尺约束混凝土拱架力学特性，第 4 章隧道全比尺约束混凝土拱架力学特性与组合效应，第 5 章约束混凝土支顶护帮结构力学特性，第 6 章约束混凝土拱架智能施工方法，第 7 章约束混凝土高强支护现场应用。

本书可供从事隧道工程、采矿工程、水利水电隧洞工程、岩土工程的技术人员学习和使用，也可供高等院校相关专业的教师和学生在工作和学习中参考。

责任编辑：张伯熙
责任校对：赵　力

地下工程高强支护理论
与智能施工方法
江 贝　王 琦　王鸣子 著

*

中国建筑工业出版社出版、发行（北京海淀三里河路 9 号）
各地新华书店、建筑书店经销
北京鸿文瀚海文化传媒有限公司制版
北京中科印刷有限公司印刷

*

开本：787 毫米×960 毫米　1/16　印张：12¼　字数：243 千字
2024 年 3 月第一版　2024 年 3 月第一次印刷
定价：**80.00** 元
ISBN 978-7-112-29667-5
（42788）

作者简介

江贝，中国矿业大学（北京）教授、博士生导师，国家级高层次青年人才。主要从事深部复杂条件围岩控制理论与方法的研究工作。中国能源优秀青年科技工作者、中国科协科技智库青年人才、工程建设科技创新青年拔尖人才、全国煤炭青年科技奖获得者。

兼任中国职业安全健康协会青委会副主任委员、中国岩石力学与工程学会软岩工程与深部灾害控制分会常务理事、深地空间探测与开发分会常务理事、矿山掘进与支护专业委员会常务委员，以及《采矿与岩层控制工程学报》编委、《International Journal of Mining Science and Technology》中青年编委等职务。

担任国家重点研发计划课题长，主持国家自然科学基金 4 项、山东省重点研发计划等省部级课题 8 项、重大工程委托项目 16 项。作为第一/通讯作者发表 SCI/EI 论文 52 篇，出版中、英文专著 5 部，授权国家发明专利 73 项。获得山东省科技进步一等奖、中国岩石力学与工程学会科技进步一等奖、全国青年岩石力学创新创业大赛一等奖等省部级奖励十余项。

前　　言

随着经济建设的快速发展和对地下空间资源开发与利用的需求日益增长，隧道及地下工程得到了前所未有的快速发展。在交通隧道方面，截至 2023 年底，我国建成公路、铁路隧道总里程超过 5 万 km，其长度超过地球周长。在矿山巷道方面，我国每年巷道掘进长度高达 1.3 万 km。在全世界，我国已成为交通隧道、矿山巷道等地下工程建设规模和建设速度第一大国。

在交通隧道快速发展的过程中，日益增长的交通流量对大断面隧道需求剧增。大断面隧道在遇到断层破碎带、软弱围岩等复杂地质条件时，易出现频繁掉块、拱顶冒落、支护结构失稳破坏等问题。同时，随着我国浅部煤炭资源趋于枯竭，资源开采深度逐年增加，在深部开采过程中面临高应力、极软岩、断层破碎带等复杂地质条件，如果采用传统型钢拱架和巷旁支护型钢支柱易发生屈曲失稳，现场冒顶、坍方、底臌、片帮等灾害事故频发，出现人员伤亡、设备损坏、工期延误，甚至出现整体工程失效等严重问题。因此，复杂条件下的围岩稳定控制已成为地下工程全面发展所需攻克的关键难题。

约束混凝土作为一种新型的高强支护技术，通过在钢管等约束材料中充填混凝土的形式，可以在外部约束材料和混凝土之间产生"力的共生"效应，表现出良好的承载性能。约束混凝土支护技术具有强度高、延性好、造价低等优点，在地下工程支护领域具有十分广阔的应用前景。

作者团队基于约束混凝土支护体系，从关键技术、核心理论与智能施工等方面出发，利用力学解析、室内与数值试验，以及现场实践等研究手段开展了系统研究，主要创新研究内容如下：

在关键技术方面：利用钢结构的抗拉不抗压、混凝土的抗压不抗拉特性，将钢结构和混凝土有效结合，研发了具有强度高、刚度大，抗失稳能力强的约束混凝土支护技术，为复杂条件下的围岩稳定性控制提供了技术保障。

在核心理论方面：系统开展了不同断面形状、不同截面形式与不同荷载模式的约束混凝土拱架力学试验，揭示了约束混凝土拱架的变形破坏模式、联合承载能力、空间组合效应，提出了约束混凝土拱架承载力计算方法与约束混凝土支顶护帮结构组合受力计算方法，为约束混凝土的支护设计提供了理论指导。

在智能施工方面：研发了约束混凝土智能安装系列设备及配套的智能施工装置，提出了拱架节点与关键受力部位强化方法，形成了成套的约束混凝土拱架智能施工方法，大幅提高了约束混凝土施工的安全性与效率，为约束混凝土支护技术的推广应用提供了技术支撑。

此外，本书研究成果在全国最大海滨煤矿——梁家煤矿、全国最厚冲积层矿井——万福煤矿、千米高应力矿井——赵楼煤矿、千万吨级现代化矿井——柠条塔煤矿、极近距离煤层矿井——芦家窑煤矿、超大断面交通隧道——乐疃隧道、龙鼎隧道等典型工程中成功推广应用。

本书是作者十多年来在地下工程围岩稳定控制方面研究成果的总结，以期对约束混凝土支护技术的推广做出一点贡献。

在本书编写过程中，研究团队成员黄玉兵、高红科、薛浩杰、秦乾、辛忠欣、蒋振华、许硕、魏华勇、王业泰、邓玉松、张亚聪、田洪迪、段儒刚、徐传杰等做了大量工作，同时得到了许多专家、学者、现场工程技术人员的支持。另外，本书引用了国内外专家的文献资料，在此对各位专家学者及团队成员表示诚挚的谢意。

本书的出版得到了国家重点研发计划项目（编号 2023YFC2907600、2023YFC3805700），国家自然科学基金（编号 42477166、42277174、52074164、42077267、51704125、51674154），山东省杰出青年科学基金（编号 ZR2020JQ23），山东省重大科技创新工程项目（编号 2019SDZY04），山东省重点研发计划项目（编号 2018GGX109001、2017GGX30101），山东省高等学校优秀青年创新团队支持计划（编号 2019KJG013），山东省自然科学基金青年基金项目（编号 ZR2017QEE013）的支持，在此一并表示衷心的感谢。

目　　录

1　绪论

1.1　概述

近年来，随着我国经济建设的高速发展，人们对地下空间资源开发与利用的需求日益增长，隧道及地下工程得到了前所未有的快速发展，我国已成为世界上隧道及地下工程规模最大、数量最多、地质条件和结构形式最复杂、修建技术发展速度最快的国家[1-3]。

隧道建设是我国交通强国发展战略中的重要组成部分，在缩短运行距离、提高运输能力、减少事故发生等方面起到了重要作用。进入 21 世纪以来，在隧道建设技术不断提升的推动下，我国隧道建设里程呈逐年上升趋势（图 1-1）。"十三五"期间，我国铁路与公路隧道新增运营里程分别达到 6592km 与 9315.4km，相比"十二五"期间的新增量，分别同比增长约 9％、23％。进入"十四五"以来，我国隧道建设仍保持高速发展的态势，截至 2023 年底，我国已建成公路、铁路隧道总计 45870 座，总里程达 53740km，其长度超过地球周长。

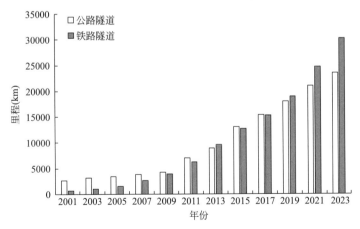

图 1-1　中国公路、铁路隧道建设里程增长情况[4-9]

煤炭是我国主要的能源资源，全国已探明的煤炭资源储量为 1.42 万亿吨，占一次能源总量的 94％[10]。在煤炭开采过程中，巷道作为矿井建设的动脉，对保障井下安全生产起到了关键作用[11]。2023 年我国煤炭资源在一次能源消耗中占比 55.3％[12]（图 1-2），整体产量同比 2022 年增长 3.4％。在煤炭产量快速增加的同时，我国每年巷道掘进长度高达 1.3 万 km[13]，其长度接近地球直径。

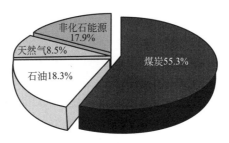

图 1-2　中国一次能源消费情况（2023 年）

在地下工程建设规模与建设速度迅猛发展的同时，建设深度也逐步增长。位于巴玉雪山"腹部"的巴玉隧道，全长 13073m，穿越海拔 3400m 以上的雪域高原，最大埋深达到 2080m。作为亚洲第一深井、全国深井开采"先行者"的孙村煤矿，最大开采深度已经达到了 1502m。

在深部工程的建设过程中，常面临高应力、极软岩、断层破碎带等复杂地质条件[14-17]，围岩易发生持续变形破坏，导致喷射混凝土开裂和脱落，锚杆（索）破断失效，钢拱架扭曲折断。现场冒顶、塌方、底臌、片帮等灾害事故频发，极易出现人员伤亡、设备损坏、工期延误和工程失效等问题，典型地下工程围岩变形破坏情况见表 1-1。

典型地下工程围岩变形破坏情况　　　　　　　　　　　　　表 1-1

序号	地下工程名称	埋深	工程破坏情况
1	家竹箐铁路隧道[18]	404m	隧道穿过低强度的煤系地层，同时受高地应力作用，施工期间围岩产生 800～1000mm 的收敛变形，拱顶下沉最大达 1600mm
2	新关角铁路隧道[19]	525m	隧道位于青藏高原地质板块挤压区，共通过 17 个断裂带，具有高地应力、变形控制难度大等特点；施工期间，隧底上鼓 1000mm
3	木寨岭公路隧道[20]	629m	隧道分布 12 条断层，岩体破碎严重，节理裂隙发育；严重地段拱顶下沉量累计达 1550mm，在部分地段进行了二次换拱，特殊地段换拱率高达 30％
4	乌鞘岭铁路隧道[21]	1100m	隧道受深埋高地应力与断层构造带作用，拱顶碎裂掉块、锚杆拉断、钢拱架压屈失稳；掘进期间，隧道拱顶最大下沉及侧壁最大水平收敛变形量均达 1000mm 以上

序号	地下工程名称	埋深	工程破坏情况
5	鹧鸪山公路隧道[22]	1350m	隧道围岩裂隙发育严重,岩层挤压褶皱强烈;支护初期围岩出现持续大变形,混凝土开裂、脱落、钢拱架扭曲,隧道侵限,最大达到300mm
6	巴玉隧道[23]	2080m	隧道穿越大型活动断裂带,受水平地质构造、大埋深以及断裂构造位置的影响,现场断面缩小、衬砌裂损、拱架扭曲、掌子面坍塌等围岩大变形问题频发
7	梁家煤矿[24]	450m	现场煤层结构复杂,围岩易膨胀、软化,围岩破坏范围大。锚杆(索)破坏严重,支护潜力没有有效发挥;拱架局部位置达到屈服状态,存在局部失稳引发整体失稳的隐患
8	赵固二矿[25]	700m	围岩顶、底板岩层强度低,内部裂隙发育。在扰动应力与原岩应力的叠加影响下,巷道围岩离层严重,冒顶、片帮等事故频发。锚(杆)索断裂失效的现象较为普遍
9	金川煤矿[26]	800m	巷道围岩抗压强度低,遇水易发生膨胀软化,在掘进过程中出现顶板离层、破碎。锚杆(索)受力不均,出现大范围失效破断
10	唐口煤矿[27]	1100m	巷道变形量大且持续时间长,顶板以网兜形式下沉变形,帮部平均收敛量达到500mm以上,部分锚杆(索)失效破坏,返修多次后依然出现大变形破坏
11	安居煤矿[28]	1235m	现场岩层节理裂隙发育,自承能力较低。在深埋高应力与开挖扰动影响下,巷道围岩松动破坏范围大。常规锚网喷支护下的顶板下沉严重,支护构件破断失效问题突出
12	孙村煤矿[29]	1502m	巷道处在高地应力环境中,受大埋深和开挖扰动影响,围岩松动破坏范围大。现场多数锚杆处在松动破碎区内,锚索受力接近破断荷载,支护系统难以对围岩变形进行稳定控制

由上述分析可知,在深部地下工程建设中,深部岩层构造发育,构造应力突出。受大埋深和开挖扰动的影响,围岩发生剧烈变形,并产生大范围的松动破碎带。同时,传统支护构件由于强度与刚度不足,在围岩支护过程中易发生破断失效,难以满足复杂条件下的围岩支护控制需求。

1.2 地下工程支护研究现状

1.2.1 地下工程支护理论

支护理论的研究是保障地下工程支护设计合理性的前提。支护理论研究的目的是明确地下工程围岩变形和破坏规律，揭示支护结构与围岩之间的相互作用关系，为地下工程的合理支护设计提供理论指导，各国学者在支护理论方面开展了大量研究。

（1）国外支护理论研究现状

在 20 世纪初期，以海姆、朗肯和金尼克[30] 为代表的专家提出了古典压力理论，该理论认为作用在支护结构上的压力是上覆岩层的重量，但不适用于埋深较大的地下工程。

20 世纪 30 年代，苏联学者 M. M. Protodyakonov[31] 通过箱底开孔实验提出了普氏冒落拱理论，该理论认为在硐室开挖后，其上方会形成一个抛物线形自然平衡拱，在平衡拱的上方处于自平衡状态，下方是潜在的破裂范围。

20 世纪 50 年代以来，人们开始用弹塑性力学来解决地下工程围岩支护问题，其中，代表性研究有 Fenner 公式[32] 和 Kastner 公式[33]。弹塑性支护理论通过对"支护—围岩"共同作用系统的分析，揭示了"支护—围岩"的共同作用原理。

20 世纪 60 年代，奥地利工程师 L. V. Rabcewicz[34] 在总结前人经验的基础上，提出了一种新的隧道施工设计方法，称为新奥地利隧道施工方法（简称"新奥法"）。该理论认为围岩压力由岩体与支护结构共同承担，利用围岩自承能力与开挖面的空间约束作用控制围岩变形。目前"新奥法"已成为地下工程的主要设计施工方法，并在中、浅部地下工程支护应用中取得了良好的效果。

20 世纪 70 年代，南非学者 M. D. Salamon[35] 提出了能量支护理论。该理论认为支护结构与围岩相互作用、共同变形。在变形过程中，围岩释放一部分能量，支护结构吸收一部分能量，但总的能量没有变化。主张利用支护结构的变形吸能特性吸收和释放多余的岩体能量。

20 世纪 90 年代，澳大利亚学者 W. J. Gale[36] 等人提出了最大水平应力理论。该理论认为在最大水平应力作用下，顶、底板岩层易发生剪切破坏，围岩发生错动变形与松动膨胀。锚杆（索）的作用是约束岩层发生轴向膨胀和剪切错动。因此，要求支护结构必须具备强度大、刚度大的特点，才能有效约束围岩变形，国外支护理论研究现状见表 1-2。

国外支护理论研究现状 表 1-2

序号	时间	理论名称	学者/国籍	主要内容
1	20 世纪初期	古典压力理论	海姆/瑞士 朗肯/英国 金尼克/苏联	该理论认为作用在支护结构上的压力是上覆岩层的重量
2	20 世纪 30 年代	冒落拱理论	M. M. Protodyakonov/苏联	该理论认为一定深下的围岩能够自稳，支护结构承受的荷载是压力拱下岩土重量引起的松散压力

序号	时间	理论名称	学者/国籍	主要内容
3	20世纪50年代	弹塑性支护理论	Fenner/法国 Kastner/德国	该理论通过对"支护—围岩"共同作用系统的分析,揭示了"支护—围岩"的共同作用原理
4	20世纪60年代	新奥法	L. V. Rabcewicz/奥地利	该理论认为围岩压力由岩体与支护结构共同承担,利用围岩自承能力与开挖面的空间约束作用来控制围岩变形
5	20世纪70年代	能量支护理论	M. D. Salamon/南非	该理论认为支护结构与围岩相互作用、共同变形,主张利用支护结构的变形吸能特性来吸收和释放多余的岩体能量
6	20世纪90年代	最大水平应力理论	W. J. Gale/澳大利亚	该理论认为在最大水平应力作用下,顶、底板岩层易发生剪切破坏,围岩发生错动变形与松动膨胀

（2）国内支护理论研究现状

中国作为地下空间开发利用的大国,在地下工程建设过程中常面临各种复杂恶劣的地质条件,国内学者在传统支护理论研究的基础上,根据国内复杂的地质条件,创新发展了大量围岩支护控制理论,见表1-3。

国内支护理论研究现状　　　　　　　　　　　　　　表1-3

序号	时间	理论名称	学者	主要内容
1	20世纪60年代	岩性转化理论	陈宗基	同样矿物成分、同样结构形态的岩体,在不同工程环境和工程条件下会形成不同的本构关系。强调岩体是非均质、非连续的介质
2		"轴变论"理论	于学馥	围岩破坏是由围岩应力超过岩体强度极限引起的,围岩塌落会改变巷道轴比,导致应力重分布
3	20世纪80年代	松动圈支护理论	董方庭	将隧（巷）道开挖后产生的松弛破碎带定义为围岩松动圈,支护的目的在于控制围岩松动圈发展过程中的有害变形
4		联合支护理论	冯豫 陆家梁	不能只强调支护刚度,要先柔后刚,先抗后让,柔让适度,稳定支护
5	20世纪90年代	锚喷—弧板支护理论	孙钧 郑雨天	围岩支护不能总是让压,当让压到一定程度时,要采取刚性支护形式控制围岩变形
6		主次承载区理论	方祖烈	承载区分为隧道周围压缩域和用支护加固的张拉域两部分,围岩的稳定由两部分协调决定
7		软岩工程力学支护理论	何满潮	巷道支护破坏大多是由于支护体与围岩在强度、刚度、结构等方面存在不耦合造成的

续表

序号	时间	理论名称	学者	主要内容
8		高预应力强力支护理论	康红普	强调"先刚后柔再刚、先抗后让再抗"的支护理念,最大限度地保持围岩完整性
9	21世纪初期	分步联合控制理论	袁亮	提出"应力状态恢复改善、围岩增强、破裂固结与损伤修复、应力转移与承载圈扩大"四项基本原则
10		开挖补偿支护理论	何满潮	在深部硐室开挖后,需要采用高预应力支护手段补偿开挖引起的围岩应力损失,使其尽可能恢复到原岩应力状态

陈宗基教授[37] 在20世纪60年代从大量工程实践中总结出了岩性转化理论,该理论认为:同样矿物成分、同样结构形态的岩体,在不同工程环境和工程条件下会形成不同的本构关系。强调岩体是非均质、非连续的介质,岩体在工程条件下形成的本构关系绝非简单的弹塑、弹黏塑变形理论特征。

于学馥教授[38,39] 提出"轴变论"理论,该理论指出围岩破坏是由围岩应力超过岩体强度极限引起的,围岩塌落会改变巷道轴比,导致应力重分布。应力重分布的特点是高应力下降,低应力上升,并向无拉力和均匀分布发展,直到稳定而停止。

董方庭教授[40] 基于理论研究与现场实践,提出了围岩松动圈支护理论。该理论将隧(巷)道开挖后产生的松弛破碎带定义为围岩松动圈,凡是坚硬围岩的裸体隧道,其围岩松动圈都接近于零,此时隧道围岩的弹塑性变形虽然存在,但并不需要支护。松动圈越大,收敛变形越大,围岩支护难度就越大。因此,支护的目的在于控制围岩松动圈发展过程中的有害变形。

冯豫、陆家梁教授[41,42] 在"新奥法"的基础上提出联合支护理论,该理论指出一味强调支护刚度是不行的,要先柔后刚,先抗后让,柔让适度,稳定支护。

孙钧、郑雨天教授[43,44] 提出的锚喷—弧板支护理论是对联合支护理论的发展。该理论的要点是:对软岩总是强调让压是不行的,让压到一定程度,要坚决顶住,即采用高强度等级的钢筋混凝土弧板作为刚性支护结构,限制围岩向中空位移。

方祖烈教授[45] 提出了主次承载区支护理论。在巷道掘进中,巷道表面围岩卸载破坏形成松动区,巷道深部围岩仍然处于弹性压缩状态。松动区围岩破裂,应力与岩体强度都大幅降低,难以自稳,必须通过支护加固才能形成一定的承载能力,成为次承载区,深部稳定围岩承担围岩的主要荷载,成为主承载区。两者相互作用,维护巷道围岩的稳定。

何满潮教授[46] 结合工程地质学和现代力学提出了软岩工程力学支护理论,认为复合型的变形力学机制是软岩变形和破坏的根本原因,转化复合型变形力学机制为单一变形机制才能对软岩巷道实施成功支护。在此基础上提出了耦合支护方法，认为巷道支护的关键是实现支护与围岩之间强度与刚度的耦合。

康红普教授[47] 提出高预应力强力支护理论。该理论认为深部及复杂困难巷道支护特性应该是"先刚、后柔、再刚，先抗、后让、再抗"。最大限度地保持围岩完整性，尽量减少围岩强度的降低。通过预应力锚杆支护使围岩处于受压状态，抑制围岩弯曲变形、拉伸与剪切破坏的出现，使岩成为承载的主体。

袁亮教授[48] 基于"应力状态恢复改善、围岩增强、破裂固结与损伤修复、应力转移与承载圈扩大"四项基本原则，提出了针对深部巷道围岩稳定控制的技术措施体系与分步联合控制理论。

何满潮教授[49] 根据深部硐室开挖后的围岩应力演化规律，提出了开挖补偿支护理论。该理论主要由开挖效应与开挖补偿效应两部分组成。

开挖效应：根据地下工程开挖引起的围岩应力状态改变过程，将开挖效应分为开挖效应Ⅰ与开挖效应Ⅱ。开挖效应Ⅰ为围岩开挖后径向应力减小至0，开挖效应Ⅱ为切向应力增大至$2\sigma_1$，如图1-3所示。结合开挖效应和图1-3可以得到：围岩开挖卸荷后，由于开挖效应Ⅰ，临空侧岩体径向应力瞬间变为0，莫尔应力圆第一次扩展；由于开挖效应Ⅱ，岩体的切向应力集中，莫尔应力圆第二次扩展。莫尔应力圆两次扩展均易导致其超过强度包络线。若未对围岩进行及时应力补偿，围岩将产生破坏。

开挖补偿效应：为保证深部地下工程围岩安全稳定，需要对开挖后的围岩进行应力补偿。通过采用高预应力补偿支护，可弥补围岩由于开挖导致的应力损失，使得岩体径向应力σ_3恢复或接近原岩应力状态，同时有效降低切向应力σ_1的集中程度。此时，岩体应力状态处于Mohr—Coulomb强度包络线以内，围岩处于稳定状态，如图1-4所示。

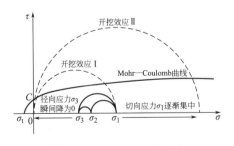

图1-3 地下工程开挖效应

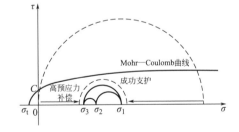

图1-4 地下工程开挖补偿效应

1.2.2 常用支护技术

目前现场常用的围岩支护控制技术主要包括：锚杆（索）支护技术、锚注支护技术、拱架支护技术、联合支护技术等。

（1）锚杆（索）支护技术

锚杆（索）不仅能对围岩表面起到护表作用，还能对围岩体施加挤压约束作用。锚杆（索）支护凭借优越的支护性能、低廉的成本被普遍使用到了地下工程支护中。

美国最先在煤矿巷道支护中应用了锚杆支护技术，并从 20 世纪 40 年代起在矿山工程中推广锚杆支护技术，20 世纪 50 年代初生产了世界首根涨壳锚杆，20世纪 60 年代又创造了树脂锚杆。澳大利亚主要推广了全长树脂锚杆，并形成了完整的锚杆支护设计方法。德国自 20 世纪 80 年代才开始在鲁尔矿区大面积推广应用锚杆支护技术[50]。

我国从 20 世纪 50 年代开始推广试用锚杆支护技术。锚杆支护技术研究与应用主要经历了三个阶段[51]：①1980～1990 年为第一阶段，进行基础性的研究和试验，锚杆支护主要集中在少数几个矿区应用。②1991～1995 年为第二阶段，锚杆支护技术作为"八五"期间的重点攻关项目，无论是课题的数量、研究内容的深度和广度都有了显著的提高。③1996～2005 年为第三阶段，锚杆支护技术得到了大面积推广应用。结合我国具体情况，集中企业、科研院所及大专院校等各方优势，经过多年大规模研究和试验，初步形成了适合我国煤矿条件的锚杆支护成套技术，显著扩大了锚杆支护的适用范围。

随着地下工程支护技术的创新与发展，对锚杆支护技术提出了更高的要求，国内外学者针对锚杆（索）支护技术进行大量研究，创新发展了系列新型锚杆（索）支护技术。如康红普[52] 研发的强力锚杆（索），何满潮[53-55] 研发的恒阻大变形锚杆（索），李春林[56,57] 研发的高屈服荷载的吸能锚杆，瑞典公司研发的水胀式锚杆[58] 以及澳大利亚公司研发的 Garford 锚杆[59] 等。

（2）锚注支护技术

硐室开挖后围岩发生松动破坏，采用锚注支护技术可以有效地充填破碎围岩裂隙，改变破碎岩体的黏聚力和内摩擦角，使其形成具有一定厚度、完整的注浆加固圈，进而有效提高围岩的整体承载性能。20 世纪 80 年代以来，以围岩支护为目的的注浆加固技术在苏联、德国开始研究并推行；同时，我国也在深部复杂地质条件下的地下工程中开展大量注浆支护相关研究。

在锚注支护机制研究方面：杨仁树[60] 等利用自主研发的实验室液压注浆系统，研究了注浆加固后的试件强度和内部裂隙分形维数变化规律，提出了注浆加固效果定量测试方法。王连国[61] 等建立了深—浅耦合锚注浆液的渗流基本方程，模拟浆液在围岩内的渗透扩散过程，完善了深—浅耦合全断面锚注支护的理论体系和加固作用机理。刘学伟[62] 提出了一种用于模拟裂隙岩体注浆扩散过程的数值分析方法，开展浆液与注浆参数对注浆扩散效果的影响机制研究。王琦等分析了注浆岩体力学参数对锚固体界面抗剪能力的影响规律[63]，研究了不同粒径和水灰比对破碎围岩注浆体力学性能的影响机制[64]。在此基础上，利用自主研发的围岩数字钻进测试系统进行锚注支护前后围岩数字钻进测试，建立了基于岩体随钻参数的注浆煤（岩）体单轴抗压强度随钻反演模型[65]，提出了地下工程围岩锚注效果随钻评价方法[66]。

在锚注支护现场应用方面：康红普[67] 等针对屯留煤矿井底车场硐室群围岩松动破坏严重的问题，提出了高压注浆与强力锚杆（索）综合支护技术，有效地控制了松软破碎硐室群围岩变形，保证了其长期稳定。江贝[68] 等针对三软煤层巷道破坏特征，提出了以锚注支护为核心的联合支护体系，对现场围岩变形进行了稳定控制。刘泉声[69] 等以淮南矿区为例，提出了分布联合支护和三步注浆的支护方法，取得了较理想的支护效果。王琦[70] 等针对深部厚冲积层矿井—万福煤矿硐室群围岩变形控制难题，开展了不同锚注杆体现场注浆试验，提出"一次钎杆注浆定孔，二次锚网喷浆支护，三次锚注一体加固，关键部位加密强化，完整砌碹强度储备"的深部高应力软弱破碎围岩分阶段控制方法，有效地控制了深部大断面硐室的非对称变形。

（3）拱架支护技术

拱架是深部围岩支护中较为常用的加强支护结构，具有可预制、刚度大、扩展性好和施工时间短的特点，经常在断层破碎带及顶板冒落区段中被使用，对现场围岩变形具有较好的控制效果。

隧道支护方面：拱架结构是隧道支护中常采用的支护手段，主要分为格栅拱架和型钢拱架两种形式，具有可预制、刚度大和施作时间短的特点。格栅拱架，德国学者 Baumann 和 Betzle[71] 率先设计出了一种八字结腹筋构造的三肢格栅拱架，并通过现场试验证明了该结构设计的合理性。何川[72] 等通过开展隧道开挖支护模型试验研究，分析了不同地应力场对格栅拱架支护效果的影响机制。型钢拱架，邓铭江[73] 等研究了全环型钢拱架对超（特）长隧洞的围岩支护机制。张顶立[74] 等研究了型钢拱架的变形破坏特征与极限承载特性，明确了型钢拱架的支护作用机制与最佳适用条件。江玉生[75] 等基于大量监测数据分析了型钢拱架受力变化规律，提出了支护参数优化措施。

巷道支护方面：德国在 1932 年发明了 U 型钢可缩性拱架支护技术，并将其成功应用到了工程实践中。到 1953 年，英国煤矿巷道金属拱架的使用率已达72％。1972～1977 年德国煤炭主要产地鲁尔矿区可缩性拱架的使用率已达 90％。1980 年苏联在煤矿巷道中的金属拱架使用率达到了 62％。我国自"六五"时期，在众多科研院所的共同攻关下，拱架支护技术在我国巷道支护中得到了全面的创新与应用[76]。

（4）联合支护技术

联合支护技术指的是采用两种或两种以上支护构件共同维护围岩稳定的支护技术。与单一支护相比，联合支护能充分发挥每种支护形式所固有的性能，扬长避短、共同作用，以适应围岩变形的要求，最终达到对围岩的稳定控制。联合支护主要包括：各种锚杆（索）支护的联合、锚喷支护＋钢拱架的联合、锚喷支护＋砌体支护的联合、锚喷＋锚柱＋钢拱架的联合等。

我国学者针对联合支护技术开展了大量研究：何满潮[77] 针对深部软岩巷道出现的塑性大变形失稳破坏问题，优化了锚网索联合支护设计方法。康红普[78] 等针对超千米深井巷道围岩、支护体变形及破坏状况，提出了高预应力、高强度锚杆（索）和注浆联合加固技术。左建平[79] 等针对深部大断面巷道围岩易破碎、扩容、位移量大等特点，提出了巷道全空间协同支护技术，阐述了全空间协同支护技术的控制机理与优越性。刘泉声[80] 等针对淮南矿区煤矿深部破碎软弱围岩支护问题，提出了分步联合支护的设计理念和优化支护方案。王琦[81] 等基于"先控后让再抗"的支护理念，提出了高强让压型锚索箱梁支护系统，通过数值模拟与现场对比试验明确了让压型锚索箱梁耦合支护作用机制，并在深部厚顶煤巷道中成功应用。

1.2.3 约束混凝土高强支护技术

约束混凝土高强支护技术作为一种新型的高强支护技术，是通过在钢管或其他外部约束材料中填充混凝土，使得混凝土具有更高的抗压强度，同时内部混凝土又保证了外部约束材料不易发生失稳破坏。约束材料与混凝土共同承担荷载，两者表现出力学性能上的"共生现象"，使得整体结构具有强度高、延性好的特点。

针对约束混凝土高强支护技术，众多学者在室内试验、数值试验、理论计算和现场实践等方面进行了研究，为约束混凝土支护技术的广泛应用奠定了基础。

1. 约束混凝土拱架发展历程

（1）隧道工程约束混凝土支护发展历程

20 世纪 70 年代，日本工程师将箍筋插入已灌注砂浆的钢管内，建造了新型钢性支撑结构，并将其应用到世界最长海底隧道——青函海底隧道的膨胀区段，成功穿过了断层[82]。这是关于约束混凝土支护在世界范围内首次被应用到隧道工程领域的报道。

1984 年，铁道部[83] 首次将约束混凝土拱架应用到南岭隧道中，通过对比试验和现场监测后得出：约束混凝土支护强度高、稳定性好、经济效益显著、加固效果明显。这是我国首次关于约束混凝土支护被应用到隧道工程领域的报道。

为解决大断面隧道拱架重量大、人力施工效率低，爆破完成后容易出现拱顶掉块、垮塌等问题，作者团队[84-86] 提出了"高强高刚、精确装配"的约束混凝土支护体系施工理念，首次将方钢约束混凝土支护技术应用在我国超大断面交通隧道中，同时，自主研发了高精度约束混凝土拱架智能化施工装备以及自动装配式节点、快速定位纵向连接装置等配套装置，实现了约束混凝土支护技术的快速施工，首次成功将约束混凝土支护技术推广应用到市政隧道工程中。

（2）矿山工程约束混凝土支护发展历程

自 2000 年以来，大量学者针对约束混凝土支护体系开展了系列研究，臧德胜[87] 首次采用圆钢约束混凝土拱架在平煤四矿进行了现场应用，与型钢拱架相比，约束混凝土拱架耗钢量更少，成本更低。此后，中国矿业大学（北京）高延法课题组[88] 在钱家营矿采用先架后灌的灌注工艺和套管节点进行拱架拼装连接，并在查干淖尔矿[89] 将地上约束混凝土结构普遍采用的"顶升法"灌注工艺引入了地下工程，保证了混凝土的灌注质量。刘立民[90] 提出了曲面 D 形约束混凝土支护形式，并在平煤十矿进行了应用，取得了良好的围岩控制效果。

作者团队[91-98] 首次提出了与围岩接触紧密、纵向连接方便、压弯承载力强的 U 型钢、方钢等多种约束混凝土支护体系，系统开展了室内全比尺对比试验。建立了非等刚度、任意节数内力计算模型，形成了约束混凝土支护设计方法，研发了成套关键技术与施工工法，并在千米高应力矿井——赵楼煤矿、全国唯一海滨煤矿——梁家煤矿、全国最厚冲积层矿井——万福煤矿等典型矿井中成功应用。

在以上典型技术革新的基础上，大量学者对上述约束混凝土支护技术进行了改进优化，取得了大量技术成果，典型技术革新见表 1-4。

矿山工程约束混凝土支护典型技术革新　　　　表 1-4

序号	时间	单位/人员	工程地点	技术革新
1	2000 年	淮南工业学院/臧德胜	平煤四矿	在矿山领域采用约束混凝土支护技术
2	2010 年	中国矿业大学（北京）/高延法	钱家营矿	在矿山领域采用先架后灌的灌注工艺
	2013 年		查干淖尔矿	将地上工程普遍采用的"顶升法"灌注工艺引入矿山工程
3	2015 年	山东科技大学/刘立民	平煤十矿	在矿山领域采用曲面 D 形约束混凝土支护
4	2015 年	山东大学/作者团队	赵楼煤矿	首次在矿山领域采用 U 型钢约束混凝土支护
5	2016 年		梁家煤矿	首次在矿山领域采用方钢约束混凝土支护
6	2019 年		万福煤矿	首次在矿山领域采用高阻定量让压系列的约束混凝土拱架

2. 约束混凝土室内试验

（1）约束混凝土拱架室内试验

2001 年，臧德胜[99] 开展了直腿半圆形约束混凝土拱架缩尺试验。2009～2014 年，高延法课题组开展了圆形[100] 和浅底拱圆形[101] 等拱架缩尺或大比尺力学性能试验，见图 1-5 （a）、（b）、（d）。2013 年，魏建军[102] 进行了直腿半圆形拱架缩尺试验，见图 1-5（c）。2015 年至今，作者团队研发了组合式约束混凝土拱架全比尺力学试验系统[103]，开展了矿山巷道 U 形约束混凝土、方钢约束混凝土、圆钢约束混凝土拱架以及 U 型钢和工字钢拱架的 1:1 系列对比试验[13,85,86,93,94,103-106]，见图 1-5（e）～（i）。首次进行了交通隧道三心圆拱架的大比尺室内试验。系统分析了不同加载模式、不同断面形状、不同截面参数，以及不同混凝土强度等因素对拱架承载能力的影响机制，并于 2019 年首次进行了大断面隧道组合拱架的室内试验[107]。

    (a) 高延法(2010)   (b) 刘国磊(2013)   (c) 魏建军(2013)

    (d) 高延法(2014)   (e) 江贝(2016)   (f) 李术才(2017)

    (g) 王琦(2017)   (h) 王琦(2018)   (i) 王琦(2019)

图 1-5　约束混凝土拱架承载特性试验

（2）灌注口补强试验

约束混凝土拱架大多进行现场灌注，需要在拱架上预留灌注口。灌注口的留设会造成拱架局部强度降低和应力集中，导致拱架整体承载能力的下降，是拱架破坏的关键部位，因此有必要对灌注口进行系统研究并提出补强设计方法。高延法[108] 在拱架灌注口采用焊接加强钢板的方法进行补强；Chang Xu[109] 基于对一系列有缺口的约束混凝土短柱进行轴压试验，分析其破坏模式，研究钢管的缺口对约束混凝土短柱力学性能的影响，并提出用于预测带有缺口的约束混凝土短柱极限抗压强度的经验方程。

作者团队[103,110,111] 进行了方钢和 U 形约束混凝土留设灌注口短柱及灌注口补强短柱试验研究（图1-6）。对比分析了短柱变形破坏形态、荷载位移曲线及承载力。建立约束混凝土强度及经济指标，综合对比短柱补强效果。

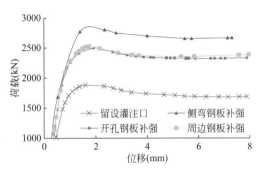

图1-6　留设灌注口短柱及灌注口补强短柱试验研究

（3）约束混凝土节点试验

在地上约束混凝土结构中，约束混凝土构件多通过法兰节点连接，其相关研究已较为充分。在地下工程中，套管节点连接强度大、施工效率高，装配式节点能够实现拱架的折叠与自动卡合，均具有广泛的研究价值。

在拱架节点承载性能研究方面，作者团队[85,86,103,114]对地下工程约束混凝土拱架节点进行了试验研究（图1-7）：明确了法兰节点和套管节点的力学性能及影响机制，提出了套管节点两种临界弯曲破坏模式，推导了套管节点抗弯强度的实用计算公式，建立了套管节点压弯承载力判定依据，得到了约束混凝土拱架套管节点设计计算依据。开展了约束混凝土装配式节点室内试验，并将装配式节点约束混凝土拱架应用于现场，取得了较好的应用效果。

3. 约束混凝土拱架计算理论与设计方法

计算理论主要包括拱架内力计算、强度与稳定承载能力计算。根据约束混凝土拱架试验、计算理论和现场实践研究。

（1）拱架内力计算

拱架内力一般是利用荷载结构法进行计算。作用在拱架上的围岩外荷载主要根据工程所在区域地应力大小与方向、岩体类型与性质、地质构造与结构面特性等地质条件，结合现场监测、理论分析与数值计算进行综合确定。

2009年，谷拴成[118]假设作用在圆形约束混凝土拱架的弹性抗力为三角形分布，建立了拱架结构内力计算模型，采用弹性中心法计算拱架各截面的内力。

2016年，作者团队[113]针对隧（巷）道常用拱架—直腿半圆形拱架、圆形拱架及多心圆拱架，建立了任意节数、非等刚度约束混凝土拱架内力计算模型，利用试验得到的节点等效刚度结果，将节点影响区域刚度和长度进行等效，得到约束混凝土拱架内力计算方法。拱架内力计算模型及计算结果见图1-8。

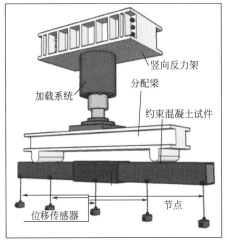

(a) 节点纯弯力学试验

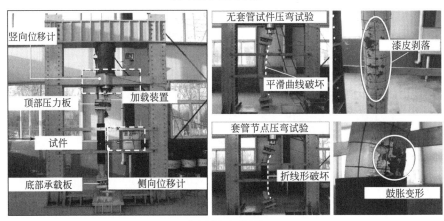

(b) 节点压弯力学试验

图 1-7　地下工程约束混凝土拱架节点试验

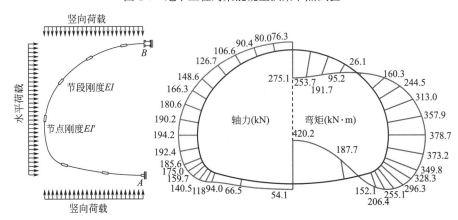

图 1-8　拱架内力计算模型及计算结果

（2）拱架强度承载能力与稳定承载能力计算

约束混凝土拱架承载能力包括强度承载能力与稳定承载能力。

① 强度承载能力

2001 年，臧德胜[87] 将原岩应力场简化为均匀应力场，从安全的角度出发，取无支护时的松动区半径，利用弹塑性理论求解最大支护压力 P_{jmax} 和最小支护压力 P_{jmin}，得到约束混凝土支护反力 P_j 范围，从而验算约束混凝土拱架的轴压强度承载能力。

2010 年，高延法[88] 建立了均布荷载作用下约束混凝土半圆形拱架承载力计算模型。通过积分半圆形拱架上的径向支护反力，建立径向支护反力与拱架轴向承载力之间的关系式。采用等效系数的方法考虑压弯影响，验算半圆形拱架轴向强度承载能力。

约束混凝土拱架强度承载能力主要包括拱架基本承载能力和拱架节点承载能力。李术才[112] 根据套管节点的破坏模式，推导了节点破坏判据，建立了套管节点承载能力计算公式；王琦[113] 根据装配式节点的破坏模式，对节点中销轴抗剪、承压板承压及耳板承压进行强度验算，得到了装配式节点承载力计算公式；江贝[103] 结合约束混凝土拱架任意节数、非等刚度内力计算模型与压弯强度承载力判据，得到了反映真实围压条件下的约束混凝土支护强度承载力计算方法。

② 稳定承载能力

2016 年，江贝[103] 采用静力平衡法，通过曲杆的平衡微分方程和几何条件建立了非等刚度两铰多心和固接多心拱架稳定承载力计算公式。2019 年，江贝[98] 结合静力平衡法和数值分析方法，研究了多心约束混凝土拱架及拱架的空间组合支护体系的平面内及平面外稳定性问题。

（3）拱架设计方法

约束混凝土拱架设计方法主要包括拱架整体选形设计、核心混凝土设计、灌注口与排气口设计、节点设计、拱架间距与纵向连接设计，如图 1-9 所示。

① 拱架整体选形设计包括拱架断面选形、约束钢管截面选形、拱架间距设计。常用的拱架断面形状包括圆形、直腿半圆形、马蹄形及三心圆形。常用的约束钢管截面形状包括圆形、方形、U 形。

② 核心混凝土设计包括混凝土强度设计、灌注方法设计、不密实处强化设计。核心混凝土可采用自密实混凝土和微膨胀混凝土提高密实度，混凝土的强度等级应不低于 C30，一般选用 C40 碎石混凝土，粗骨料粒径宜采用 5～15mm，水灰比不宜大于 0.45，坍落度不宜小于 150mm，以满足泵送顶升灌注的要求。针对核心混凝土不密实处进行强化设计，可采取钻孔压浆法进行强化。灌注方法应采用先架后灌，顶升灌注的方式，保证核心混凝土密实度。

③ 灌注口设计包括尺寸设计、位置设计、补强设计。灌注口形状多采用圆

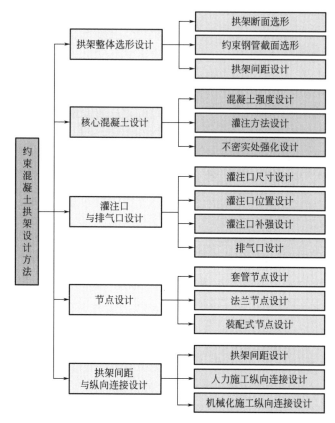

图 1-9 约束混凝土拱架设计方法

形,灌注口在满足施工要求的前提下尽量靠下布置。在补强设计方面,可采用高延法课题组[108] 提出的注浆短管、加强板和封孔塞的组合补强方式,也可采用作者团队[110] 提出的侧弯钢板、开孔钢板和周边钢板补强方式。排气口在满足施工条件下尽量靠上布置。

④ 节点设计包括套管节点设计、法兰节点设计、装配式节点设计。相关设计可参考作者团队的研究结果,其中,套管节点设计方法可参考文献 [113],法兰节点设计方法可参考文献 [103],装配式节点设计方法可参考文献 [117]。李术才[112] 综合考虑了方钢约束混凝土套管节点力学性能和经济性要求,提出了套管长度、套管间隙及套管壁厚的设计方法。江贝[103] 通过数值试验的方式进行法兰节点参数的设计。王琦[113] 根据销轴、耳板及承压板的破坏模式,给出了装配式节点的承载力计算公式与设计方法。

⑤ 拱架间距设计根据单榀拱架的极限承载力与所需围岩支护强度进行计算。纵向连接主要包括人力施工形式和机械化施工形式,基于精确定位和保证整体稳

定的原则，对拱架纵向连接进行设计。

1.2.4 约束混凝土智能施工方法

复杂条件下的交通隧道具有大断面、小净距、极浅埋与断层破碎带等特点；复杂条件下的矿山巷道具有高应力、极软岩、强采动等特点。针对交通隧道和矿山巷道不同的地质条件、形状尺寸、施工特点，形成了两类不同的约束混凝土拱架施工方法。

交通隧道断面尺寸大，对应的拱架每节尺寸也较大，为便于现场施工，多使用智能化施工方法对预制的拱架进行架设。针对隧道支护的特点，作者团队研制了高精度拱架安装机、高自由度拱架辅助安装机等智能化施工装备，建立了交通隧道智能化施工工法，主要包括约束混凝土拱架预制折叠、装配式节点自动卡合、拱架纵向精确定位等关键技术[114,115]。交通隧道典型施工工艺如图 1-10 所示。

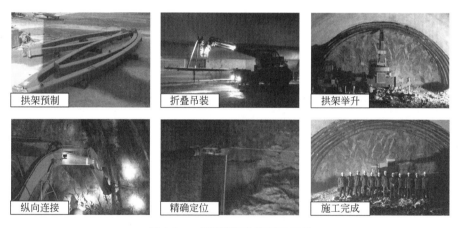

图 1-10 交通隧道典型施工工艺

矿山巷道断面尺寸小，对应拱架每节尺寸也较小，可采用套管节点连接，在架设后顶升灌注混凝土。针对巷道支护特点，建立了矿山巷道复合施工工法，主要包括定量让压拱架组合拼装、混凝土高效灌注、释能让压材料快速充填、拱架关键部位重点补强等关键技术[116,117]。矿山巷道典型施工工艺如图 1-11 所示。

1.2.5 约束混凝土现场应用

通过前期大量的研究工作，约束混凝土支护技术得到了快速发展。在隧道工程领域，主要为日本的青函海底隧道[82]，符华兴在南岭隧道[83]，江贝在龙鼎隧道[103]、乐疃隧道[86,98]，谷栓成[118] 在地铁区间隧道进行约束混凝土支护技术应

图 1-11　矿山巷道典型施工工艺

用。在矿山工程领域，除了表 1-4 中所列举的臧德胜在平煤四矿[87]，高延法在钱家营矿[88]、查干淖尔矿[89]，王琦在赵楼煤矿[94]、刘立民在平煤十矿[90]、江贝在梁家煤矿[119] 进行的典型工程应用外，众多学者与工程技术人员也对约束混凝土支护技术进行了推广：王思[120]、谷拴成[121] 分别将直腿半圆形约束混凝土拱架应用到了大淑村煤矿和澄合二矿中，李帅[122] 将椭圆形约束混凝土拱架应用到了口孜东煤矿，李剑锋[123] 和杨惠元[124] 分别将圆形约束混凝土拱架应用到了新安煤矿和清水营煤矿，杨明[125]、毛庆福[126] 分别将浅底拱圆形约束混凝土拱架应用到了查干淖尔与阳城煤矿。约束混凝土在矿山工程和隧道工程典型现场应用如图 1-12 与图 1-13 所示。

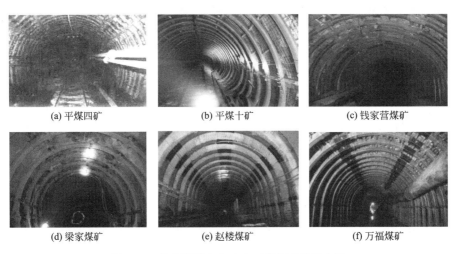

图 1-12　约束混凝土在矿山工程典型现场应用

(a) 乐疃隧道　　　　　　　　　　(b) 龙鼎隧道

图 1-13　约束混凝土在隧道工程典型现场应用

1.3　本书主要研究内容

本书从深部复杂条件围岩支护控制机制的研究出发，基于约束混凝土高强支护体系，通过力学解析、数值模拟以及室内试验等综合研究方法开展系统研究，主要研究内容分为以下 6 个方面：

（1）地下工程拱架高强控制理论研究。建立"非等刚度、任意节数"的约束混凝土拱架内力分析模型，明确围岩荷载、侧压力系数、节点定位角等参数对拱架内力的影响机制；结合压弯强度承载判据，提出约束混凝土拱架承载力计算方法。

（2）切顶自成巷支顶护帮高强控制理论研究。基于自成巷顶板岩层运动特征及围岩结构状态，建立约束混凝土支顶护帮结构力学模型，明确自成巷参数对支顶护帮结构受力的影响规律，并提出支顶护帮结构组合受力计算方法。

（3）约束混凝土拱架力学特性研究。研发地下工程约束混凝土单榀与组合拱架全比尺力学试验系统，系统开展不同断面形状、不同截面形式、不同榀数下的约束混凝土拱架系列力学试验，明确约束混凝土拱架的变形破坏模式与承载性能，揭示钢管壁厚、混凝土强度、拱架间距、纵向连接环距等因素对拱架承载力的影响机制。

（4）约束混凝土支顶护帮结构力学特性研究。利用约束混凝土支顶护帮力学试验系统，开展不同偏心距、不同截面形状下的支顶护帮结构力学试验，明确其变形破坏模式与承载特性，得到截面参数与材料强度对约束混凝土支顶护帮结构承载性能的影响机制。

（5）约束混凝土拱架智能施工方法研究。研发装配式约束混凝土拱架智能安装系列设备及相应的智能施工装置，突破装配式拱架智能施工关键技术；开展拱架智能施工过程力学试验与装配式节点抗弯性能力学试验，明确智能施工过程拱架受力规律，形成成套智能施工工法。

（6）约束混凝土高强支护现场应用研究。提出约束混凝土支护体系的设计方法与施工工法，以典型矿山巷道与大断面交通隧道为工程背景开展现场应用，通过现场监测与数据分析，阐述支护系统的现场应用效果。

2 地下工程高强支护理论

本章针对深部复杂条件围岩支护控制需求，结合约束混凝土高强支护控制理念，提出约束混凝土拱架与支顶护帮结构支护控制技术。通过理论分析的方式研究约束混凝土支护结构承载机制，提出约束混凝土拱架承载能力与支顶护帮结构组合受力计算方法。

2.1 地下工程拱架高强控制理论

2.1.1 复杂条件支护控制需求

随着我国地下工程的迅速发展，建设规模的不断扩大，在施工过程中经常遇到各类复杂地质条件，施工安全面临挑战。

作者团队针对典型地下工程围岩变形破坏情况开展了现场调研工作，如图 2-1 所示。世界最大规模八车道隧道群中的龙鼎隧道穿越多条断层破碎带，受开挖扰动影响，现场围岩变形剧烈，松动破坏范围大，拱架屈曲失稳破坏严重。赵楼煤矿埋深超千米，在高应力环境下巷道围岩松动破坏范围大，岩体流变作用导致支护结构所受围岩压力较高，型钢拱架支护结构失效破坏问题突出。梁家煤矿岩层结构复杂，巷道围岩易膨胀、软化，松动破坏范围大，造成现场拱架变形破坏严重。

上述现场情况表明，传统型钢拱架由于强度与刚度不足，在高应力、极软岩、断层破碎带等复杂地质条件下，易出现局部屈曲、整体折断、节点破坏、搭接部位撕裂折损等问题，现场围岩冒顶、片帮等事故频发。因此，需要一种新型的高强、高刚支护技术满足复杂条件下围岩控制需求。

2.1.2 约束混凝土拱架高强支护

针对复杂条件围岩支护控制难题，作者提出一种以约束混凝土拱架为核心的高强支护系统，约束混凝土拱架示意图如图 2-2 所示。

约束混凝土拱架能够实现外部钢管和核心混凝土"力的共生"效果，既具有钢材良好的强度和延性，又具有混凝土抗压性能高的特点。与传统型钢拱架相比，

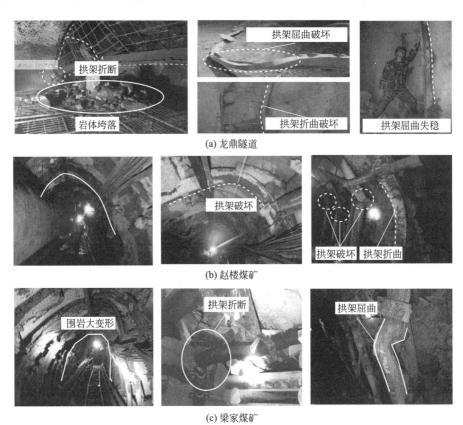

(a) 龙鼎隧道

(b) 赵楼煤矿

(c) 梁家煤矿

图 2-1 现场常用支护结构失稳破坏情况

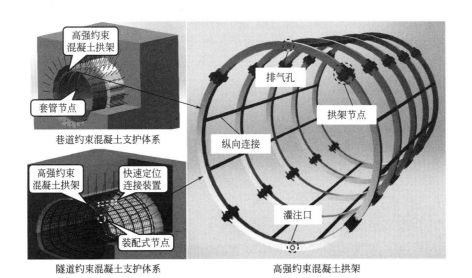

巷道约束混凝土支护体系

隧道约束混凝土支护体系

高强约束混凝土拱架

图 2-2 约束混凝土拱架示意图

其承载能力大幅度提高，可对软弱围岩提供更大的径向支撑力，提高围岩自身承载能力，有效地控制围岩变形与塑性区的发展。同时，约束混凝土拱架作为高强承载结构，是维护围岩自承结构完整性和有效性的主体，与外部围岩形成完整的承载体系，避免了支护体系"木桶效应"的产生，可实现复杂条件下围岩的"高强、完整"控制。

2.1.3 约束混凝土拱架高强支护理论

地下工程中的拱架有多种类型，根据断面形式可大致将其分为半封闭式拱架与封闭式拱架。半封闭式拱架有直腿半圆形拱架、曲腿半圆形拱架、矩形拱架。封闭式拱架有圆形拱架、三心圆形（简称三心圆）拱架、马蹄形拱架，如图 2-3 所示。

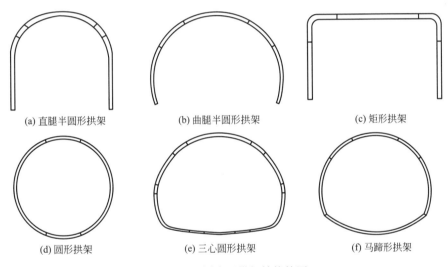

(a) 直腿半圆形拱架　　(b) 曲腿半圆形拱架　　(c) 矩形拱架

(d) 圆形拱架　　(e) 三心圆形拱架　　(f) 马蹄形拱架

图 2-3　不同类型拱架结构简图

本节以现场常用的直腿半圆形拱架、圆形拱架和三心圆拱架为研究对象，采用荷载结构法对拱架整体受力进行分析。

1. 拱架力学模型

结构简化：将拱架主体结构简化为一条沿着拱架轴线的曲线，该轴线的抗弯刚度为 EI。

支座简化：在锁脚锚杆的作用下，可将拱架的底脚部位（A 点）近似简化为铰支座。根据对称性，拱架的拱顶（C 点）只可沿上下方向运动，因此将拱顶部位简化为定向支座。圆形与三心圆拱架的拱顶和拱底做同样的简化处理。

节点简化：由于节点受力和变形的复杂性，利用等效刚度的原理，将节点影响区域用等效的截面杆体代替，刚度为 EI'，使本模型适用于"任意节数、非等

23

刚度"的拱架力学计算。拱架节点与节段刚度比为 μ。

荷载简化：荷载包括地层压力，附加荷载（灌浆荷载、局部落石）和特殊荷载（地震和爆炸荷载等）。其中，地层压力是**最**主要的荷载形式，而地层压力又包括松弛压力和形变压力。本次研究的荷载为松弛压力和形变压力，将两种压力按照等效原理简化为线荷载作用在拱架的上下和左右两侧。通过简化得到拱架力学计算模型，如图 2-4 所示。

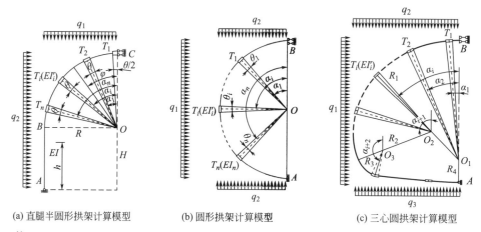

(a) 直腿半圆形拱架计算模型　　(b) 圆形拱架计算模型　　(c) 三心圆拱架计算模型

注：q_1、q_2 为拱架所受到的围岩压力；
　　T_i　　为第 i 个拱架节点；
　　θ_i　　为第 i 个拱架节点两端间的夹角；
　　R　　为拱架中心线半径；
　　H　　为直腿半圆形拱架拱腿长度；
　　h　　为直腿半圆形拱架拱腿某一位置的高度；
　　O　　为拱架圆弧段的圆心；
　　EI　　为拱架节段抗弯刚度；
　　EI'_i　　为第 i 个拱架节点的抗弯刚度；
　　α_i　　为第 i 个拱架节点定位角；
　　R_1　　为拱架第一圆弧段半径；
　　R_2　　为拱架第二圆弧段半径；
　　R_3　　为拱架第三圆弧段半径；
　　R_4　　为拱架仰拱半径；
　　φ　　为拱架截面位置。

图 2-4　拱架力学计算简化模型

2. 拱架内力分析

（1）直腿半圆形拱架内力分析

① 内力计算

任意节数直腿半圆形拱架内力计算简图如图 2-5 所示，拱架的力学平衡方程见公式（2-1）。在下述力学计算分析中，轴力以构件受压为正；弯矩以使构件上表面或外表面受压为正；荷载、反力以图中箭头所指方向为正。

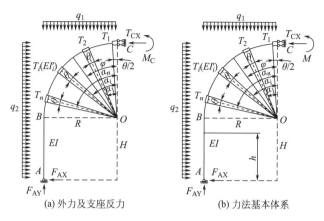

图 2-5　直腿半圆形拱架内力计算简图

$$F_{AY} - q_1 R = 0$$
$$F_{AX} + F_{CX} - q_2(R+H) = 0 \tag{2-1}$$
$$F_{AX}(H+R) + F_{AY}R - \frac{1}{2}q_2(H+R)^2 - \frac{1}{2}q_1 R^2 - M_C = 0$$

式中，F_{AX}、F_{AY} 为拱架 A 点处的支座反力；F_{CX}、M_C 为拱架 B 点处的支座反力。

3 组方程中存在 4 个未知量，不易求解。结构为一次超静定结构，因此考虑采用力法进行求解。将 M_C 作为多余未知力，力法的基本体系如图 2-5（b）所示，基本未知力为 M。力法方程为：$\delta_{11}X_1 + \Delta_{1P} = 0$。$\delta_{ij}$ 表示单位力 j 单独作用基本结构上，在 i 点产生的广义位移，Δ_{iP} 表示外荷载单独作用基本结构上，在 i 点产生的广义位移。

A. 求解 Δ_{1P}，见公式（2-2）。

$$\Delta_{1P} = \int \frac{M\overline{M}}{EI} \mathrm{d}s \tag{2-2}$$

式中，$\overline{M}$ 表示单位力单独作用在基本结构上的截面弯矩。

进一步求解 Δ_{1P}，见公式（2-3）。

$$
\begin{aligned}
\Delta_{1P} &= \int \frac{M\overline{M}}{EI} \mathrm{d}s \\
&= \int_{\alpha_1=0}^{\alpha_1+\theta_1/2} \frac{M\overline{M}}{EI'_1} R\,\mathrm{d}\varphi + \int_{\alpha_1+\theta_1/2}^{\alpha_2-\theta_2/2} \frac{M\overline{M}}{EI} R\,\mathrm{d}\varphi + \cdots + \int_{\alpha_i-\theta_i/2}^{\alpha_i+\theta_i/2} \frac{M\overline{M}}{EI'_i} R\,\mathrm{d}\varphi + \\
&\quad \int_{\alpha_i+\theta_i/2}^{\alpha_{i+1}-\theta_{i+1}/2} \frac{M\overline{M}}{EI} R\,\mathrm{d}\varphi + \cdots + \int_{\alpha_n+\theta/2}^{\pi/2} \frac{M\overline{M}}{EI} R\,\mathrm{d}\varphi + \int_0^H \frac{M\overline{M}}{EI} \mathrm{d}h \\
&= \sum_1^n \left(\int_{\alpha_i-\theta_i/2}^{\alpha_i+\theta_i/2} \frac{M\overline{M}}{EI'_i} R\,\mathrm{d}\varphi + \int_{\alpha_i+\theta_i/2}^{\alpha_{i+1}-\theta_{i+1}/2} \frac{M\overline{M}}{EI} R\,\mathrm{d}\varphi \right) + \int_0^H \frac{M\overline{M}}{EI} \mathrm{d}h
\end{aligned}
$$

$$\tag{2-3}$$

一般情况下，在现场应用中，节点弧度 $\theta_1=\theta_2=\cdots\theta_i=\cdots\theta_n=\theta$，套管节点等效刚度 $EI'_1=EI'_2=\cdots EI'_i=\cdots EI'_n=EI'$。在该情况下可进行简化，见公式（2-4）。

$$\Delta_{1P}=\sum_1^n\left(\int_{\alpha_i-\theta/2}^{\alpha_i+\theta/2}\frac{M\overline{M}}{EI'_i}R\,\mathrm{d}\varphi+\int_{\alpha_i+\theta/2}^{\alpha_{i+1}-\theta/2}\frac{M\overline{M}}{EI}R\,\mathrm{d}\varphi\right)+\int_0^H\frac{M\overline{M}}{EI}\mathrm{d}h \qquad (2\text{-}4)$$

B. 求解 δ_{11}，见公式（2-5）。

$$\delta_{11}=\int\frac{M\overline{M}}{EI}\mathrm{d}s \qquad (2\text{-}5)$$

进一步求解 δ_{11}，见公式（2-6）。

$$\begin{aligned}
\delta_{11}&=\int\frac{\overline{M}\,\overline{M}}{EI}\mathrm{d}s\\
&=\int_{\alpha_1=0}^{\alpha_1+\theta_1/2}\frac{\overline{M}\,\overline{M}}{EI'_1}R\,\mathrm{d}\varphi+\int_{\alpha_1+\theta_1/2}^{\alpha_2-\theta_2/2}\frac{\overline{M}\,\overline{M}}{EI}R\,\mathrm{d}\varphi+\cdots+\int_{\alpha_1-\theta_i/2}^{\alpha_i+\theta_i/2}\frac{\overline{M}\,\overline{M}}{EI'_i}R\,\mathrm{d}\varphi+\\
&\quad\int_{\alpha_i+\theta_i/2}^{\alpha_{i+1}-\theta_{i+1}/2}\frac{\overline{M}\,\overline{M}}{EI}R\,\mathrm{d}\varphi+\cdots+\int_{\alpha_n+\theta/2}^{\pi/2}\frac{\overline{M}\,\overline{M}}{EI}R\,\mathrm{d}\varphi+\int_0^H\frac{\overline{M}\,\overline{M}}{EI}\mathrm{d}h\\
&=\sum_1^n\left(\int_{\alpha_i-\theta_i/2}^{\alpha_i+\theta_i/2}\frac{\overline{M}\,\overline{M}}{EI'_i}R\,\mathrm{d}\varphi+\int_{\alpha_i+\theta_i/2}^{\alpha_{i+1}-\theta_{i+1}/2}\frac{\overline{M}\,\overline{M}}{EI}R\,\mathrm{d}\varphi\right)+\int_0^H\frac{\overline{M}\,\overline{M}}{EI}\mathrm{d}h
\end{aligned}$$

$$(2\text{-}6)$$

一般情况下，在现场应用中，节点弧度 $\theta_1=\theta_2=\cdots\theta_i=\cdots\theta_n=\theta$，套管节点等效刚度 $EI'_1=EI'_2=\cdots EI'_i=\cdots EI'_n=EI'$。在该情况下可进行简化，见公式（2-7）。

$$\delta_{11}=\sum_1^n\left(\int_{\alpha_i-\theta/2}^{\alpha_i+\theta/2}\frac{M\overline{M}}{EI'}R\,\mathrm{d}\varphi+\int_{\alpha_i+\theta/2}^{\alpha_{i+1}-\theta/2}\frac{M\overline{M}}{EI}R\,\mathrm{d}\varphi\right)+\int_0^H\frac{M\overline{M}}{EI}\mathrm{d}h \qquad (2\text{-}7)$$

在上式计算中，令 $\alpha_1-\theta_1/2=0$，$\alpha_{n+1}-\theta/2=\pi/2$。

C. 求解多余未知力 M_C。

将上面各式带入力法方程 $\delta_{11}X_1+\Delta_{1P}=0$，即求得多余未知力 M_C。

D. 求解其余未知支座反力。

将 M 带入平衡方程式中，即可求解其余支座反力，见公式（2-8）。

$$\begin{aligned}
F_{AY}&=q_1R\\
F_{AX}&=\left[M_C+\frac{1}{2}q_2(H+R)^2-\frac{1}{2}q_1R^2\right]/(H+R)\\
F_{CX}&=q_2(H+R)-F_{AX}\\
&=q_2(H+R)-\left[M_C+\frac{1}{2}q_2(H+R)^2-\frac{1}{2}q_1R^2\right]/(H+R)
\end{aligned} \qquad (2\text{-}8)$$

E. 内力求解。

各支座反力已知，内力可求解：

拱架圆弧段轴力 $F_{N\varphi}$ 与直腿段轴力 F_{Nh} 求解结果见公式（2-9）。

$$F_{N\varphi} = F_{CX}\cos\varphi + q_1 R\sin^2\varphi - q_2 R\cos\varphi(1-\cos\varphi)$$
$$F_{Nh} = F_{AY} = q_1 R \tag{2-9}$$

拱架圆弧段弯矩 M_φ 与直腿段弯矩 M_h 求解结果见公式（2-10）。

$$M_\varphi = M_C + F_{CX}R(1-\cos\varphi) - \frac{1}{2}q_1 R^2\sin^2\varphi - \frac{1}{2}q_2 R^2(1-\cos\varphi)^2 \tag{2-10}$$

$$M_h = F_{AX}h - \frac{1}{2}q_2 h^2$$

② 算例分析

可采用以下算例进行验证：某四节直腿半圆拱架（$n=2$，$\theta_1 \neq 0$）轴线半径 $R=2500\text{mm}$，直腿部分高度 $H=2000\text{mm}$，拱顶为一套管，另一套管位于 $\alpha_2 = 55°$ 位置，各节点弧度相同 $\theta=20°$，拱架承担荷载 $q_1=0.1\text{MPa}$，侧压力系数 $\lambda = 1.5$。约束混凝拱架构件的抗弯刚度 $EI=3300\text{kN·m}^2$，套管节点处于刚性节点状态，各套管节点等效抗弯刚度比相同，$\mu=1.5$，即 $EI'=1.5EI=4950\text{kN·m}^2$，求解各支座反力及拱架内力。

将已知条件带入上述计算公式，经计算可得：

$F_{AX}=236.4\text{kN}$，$F_{AY}=250.0\text{kN}$，$F_{CX}=435.6\text{kN}$，$M_C=-129.0\text{kN·m}$。

轴力及弯矩计算结果绘制于图 2-6，图中左半边为轴力图，单位为 kN；右半边为弯矩图，单位为 kN·m。

由拱架轴力及弯矩图可知：

拱架轴力最大值为 435.6kN，位于拱顶。位置越向下轴力越小，到起拱点时达到最小值 250.0kN；直腿部分轴力各处均相等。

拱架弯矩整体呈现出上部负值下部正值，弯矩 0 点位于起拱点向上 45°附近；负弯矩最大值 129kN·m，位于拱顶；正弯矩最大值约为 190.4kN·m，位于直腿 3/4 高度附近。

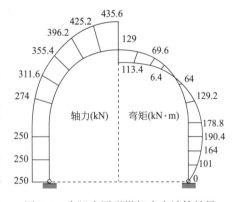

图 2-6 直腿半圆形拱架内力计算结果

③ 影响机制分析

根据直腿半圆形拱架基本参数，研究各因素变化对直腿半圆形拱架内力的影响规律。

A. 荷载对拱架内力的影响

在算例其他条件不变的情况下，绘制荷载 q_1 为不同值时的拱架轴力图及弯矩图，分析拱架受力规律，计算结果如图 2-7、图 2-8 所示。

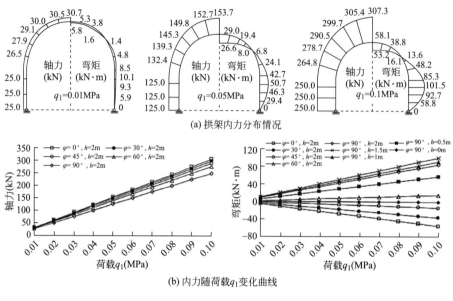

(a) 拱架内力分布情况

(b) 内力随荷载 q_1 变化曲线

图 2-7　拱架内力随荷载 q_1 变化曲线（$\mu=1$）

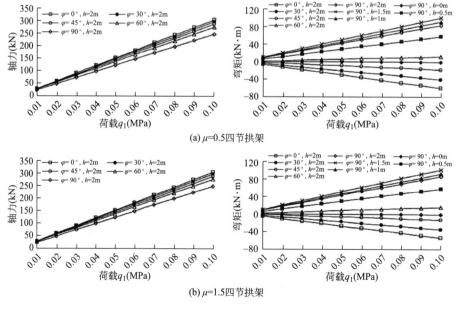

(a) $\mu=0.5$ 四节拱架

(b) $\mu=1.5$ 四节拱架

图 2-8　拱架内力随荷载 q_1 变化曲线（$\mu\neq1$）（一）

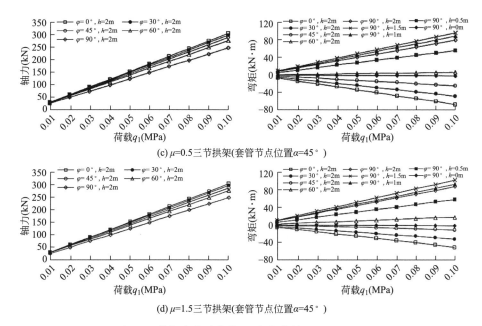

(c) $\mu=0.5$ 三节拱架(套管节点位置 $\alpha=45°$)

(d) $\mu=1.5$ 三节拱架(套管节点位置 $\alpha=45°$)

图 2-8 拱架内力随荷载 q_1 变化曲线($\mu\neq1$)(二)

对比分析上述计算结果,可知:

轴力全部为正,各截面相差不大。弯矩有正有负,分界点在 55°附近,最大值在直腿 2/3 高度附近。内力受荷载的影响显著,随荷载 q_1 的增加,轴力和弯矩(绝对值)均线性增大。上述内力随 q_1 变化规律基本不受套管节点刚度比、拱架节数(三节、四节)、套管节点位置影响。

B. 侧压力系数 λ 对拱架内力的影响

在算例中其他条件不变的情况下,绘制侧压力系数为不同值时的拱架轴力图及弯矩图,如图 2-9、图 2-10 所示。

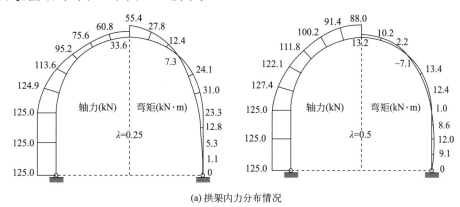

(a) 拱架内力分布情况

图 2-9 拱架内力随侧压力系数 λ 变化曲线(等刚度拱架 $\mu=1$)(一)

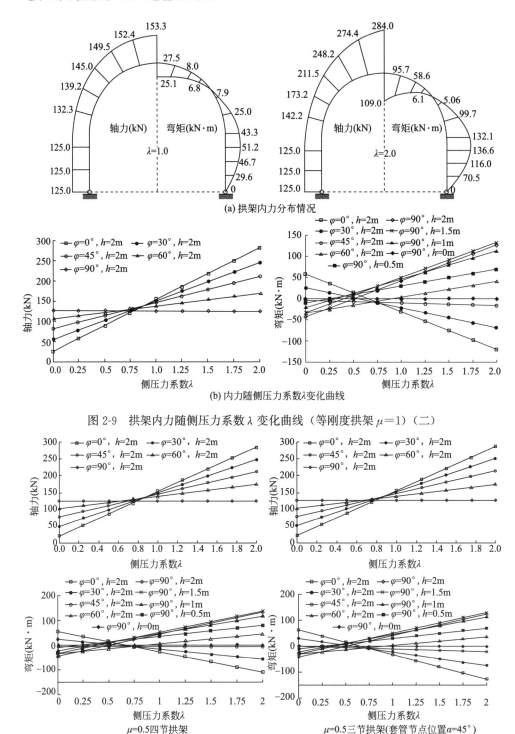

(a) 拱架内力分布情况

(b) 内力随侧压力系数λ变化曲线

图 2-9　拱架内力随侧压力系数 λ 变化曲线（等刚度拱架 $\mu=1$）（二）

$\mu=0.5$四节拱架

$\mu=0.5$三节拱架(套管节点位置$\alpha=45°$)

图 2-10　拱架内力随侧压力系数 λ 变化曲线（$\mu\neq1$）（一）

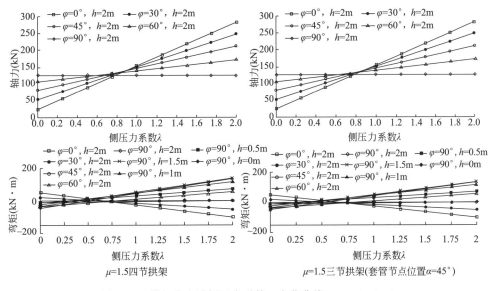

图 2-10 拱架内力随侧压力系数 λ 变化曲线（μ≠1）（二）

由图 2-9 和图 2-10 分析可知，当拱架所受竖向荷载及其他条件不变的前提下，改变侧压系数 λ，拱架内力呈现出以下规律：

侧压力系数对拱架内力影响显著，不仅影响数值，同时影响内力图形态。轴力全部为正，随着侧压力系数 λ 的增大，拱顶位置的轴力增速最大，向下依次递减，直腿部分轴力不受影响。

拱架所受弯矩随着 λ 增大整体呈现出线性增大的趋势，拱顶部位及 $h=1.5\text{m}$ 位置增速最大。λ＜1 时，即顶压大，拱架各部位内力相差不大。λ＝0.75 左右，即拱架各处轴力基本相同。当 λ＞1 时，即侧压大，各部位内力差异明显，且随 λ 的增大而增大。

当 λ 很小时，拱架上部弯矩全为正值，下部弯矩全为负值。当 λ＝0.5 时，拱架弯矩出现 3 个零点，正负弯矩极值的绝对值基本相等。λ 大于 0.6 时，拱架上部全部为负值，下部全部为正值，分界点在 45°。

C. 节点定位角 α 对拱架内力的影响

在算例其他条件不变的情况下，给定节点抗弯刚度比 $EI'/EI=\mu=0.5$ 的条件下，绘制节点定位角 α 为不同值时的拱架轴力与弯矩图，分析拱架受力规律。

由图 2-11 分析可知，在其他条件不变的前提下，拱架轴力随节点定位角 α 变化呈现出以下规律：

拱架轴力受节点定位角 α 的影响不明显，随着定位角的增大，圆弧段轴力呈现出略微增大的趋势，越靠近直腿段影响越不明显，直腿段轴力不受节点定位角 α 影响。

拱架弯矩受节点定位角 α 的影响不明显，随着定位角的增大，拱架弯矩呈现出略微向负弯矩方向发展的趋势，越靠近直腿段影响越不明显。

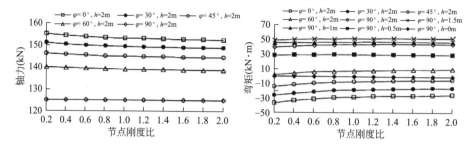

图 2-11　拱架内力随节点定位角 α 变化曲线（三节拱架 $\mu=0.5$、$\lambda=1$）

（2）圆形拱架内力分析

① 内力计算

圆形拱架内力计算简图如图 2-12 所示。在图 2-12 中，拱架的中心用 O 表示，半径用 R 表示，下端为固定轴承 A 点，上端为滑动轴承 B 点。OB 为 0°起始线，逆时针旋转为正，拱架的抗弯刚度为 EI，拱架的抗拉（抗压）刚度为 EA。节点的等效刚度用 EI' 表示。围岩压力简化为水平荷载 q_1，竖向荷载 q_2。

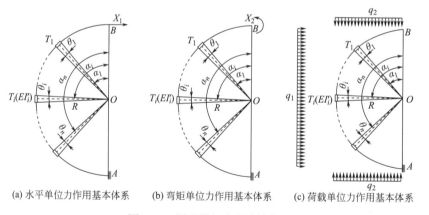

(a) 水平单位力作用基本体系　　(b) 弯矩单位力作用基本体系　　(c) 荷载单位力作用基本体系

图 2-12　圆形拱架内力计算简图

在接下来的力学分析计算中，轴力以沿拱轴线受压为负，受拉为正；弯矩以拱架内侧受拉为正，外部受拉为负；荷载、反力以图示箭头指向为正。

拱架的力学计算模型为超静定结构。采用"力法"解除拱顶 B 点的支撑约束，代以多余未知力 X_1 和 X_2，得到力法方程，见公式（2-11）。

$$\delta_{11}X_1 + \delta_{12}X_2 + \Delta_{1P} = 0$$
$$\delta_{21}X_1 + \delta_{22}X_2 + \Delta_{2P} = 0 \tag{2-11}$$

式中，X_1 表示 B 点处的水平支承反力 F_{BX}，X_2 表示 B 点处的约束力矩 M_P，δ_{ij} 表示单位力 j 单独作用基本结构上，在 i 点产生的广义位移，Δ_{iP} 表示外荷载单独作用基本结构上，在 i 点产生的广义位移。

根据虚功原理，可得到公式（2-11）中的各项基本参数，见公式（2-12）和公式（2-13）。

$$
\begin{aligned}
\delta_{11} &= \int \frac{\overline{M_1}\,\overline{M_1}}{EI}\mathrm{d}s + \int \frac{\overline{F_1}\,\overline{F_1}}{EA}\mathrm{d}s \\
&= \int_{\alpha_1-\theta_1/2}^{\alpha_1+\theta_1/2} \frac{\overline{M_1}\,\overline{M_1}}{EI'}R\,\mathrm{d}\varphi + \int_{\alpha_1+\theta_1/2}^{\alpha_2-\theta_2/2} \frac{\overline{M_1}\,\overline{M_1}}{EI}R\,\mathrm{d}\varphi + \cdots + \int_{\alpha_i-\theta_i/2}^{\alpha_i+\theta_i/2} \frac{\overline{M_1}\,\overline{M_1}}{EI'}R\,\mathrm{d}\varphi \\
&\quad + \int_{\alpha_i+\theta_i/2}^{\alpha_{i+1}-\theta_{i+1}/2} \frac{\overline{M_1}\,\overline{M_1}}{EI}R\,\mathrm{d}\varphi + \cdots \int_{\alpha_{n-1}+\theta_{n-1}/2}^{\alpha_n-\theta_n/2} \frac{\overline{M_1}\,\overline{M_1}}{EI}R\,\mathrm{d}\varphi + \int_{\alpha_n-\theta_n/2}^{\alpha_n+\theta_n/2} \frac{\overline{M_1}\,\overline{M_1}}{EI'}R\,\mathrm{d}\varphi \\
&\quad + \int_{\alpha_1-\theta_1/2}^{\alpha_1+\theta_1/2} \frac{\overline{F_1}\,\overline{F_1}}{EA'}R\,\mathrm{d}\varphi + \int_{\alpha_1+\theta_1/2}^{\alpha_2-\theta_2/2} \frac{\overline{F_1}\,\overline{F_1}}{EA}R\,\mathrm{d}\varphi + \cdots + \int_{\alpha_i-\theta_i/2}^{\alpha_i+\theta_i/2} \frac{\overline{F_1}\,\overline{F_1}}{EA'}R\,\mathrm{d}\varphi \\
&\quad + \int_{\alpha_i+\theta_i/2}^{\alpha_{i+1}-\theta_{i+1}/2} \frac{\overline{F_1}\,\overline{F_1}}{EA}R\,\mathrm{d}\varphi + \cdots + \int_{\alpha_{n-1}+\theta_{n-1}/2}^{\alpha_n-\theta_n/2} \frac{\overline{F_1}\,\overline{F_1}}{EA}R\,\mathrm{d}\varphi + \int_{\alpha_n-\theta_n/2}^{\alpha_n+\theta_n/2} \frac{\overline{F_1}\,\overline{F_1}}{EA'}R\,\mathrm{d}\varphi \\
&= \sum_1^n \left(\int_{\alpha_i-\theta_i/2}^{\alpha_i+\theta_i/2} \frac{\overline{M_1}\,\overline{M_1}}{EI_i'}R\,\mathrm{d}\varphi + \int_{\alpha_i+\theta_i/2}^{\alpha_{i+1}-\theta_{i+1}/2} \frac{\overline{M_1}\,\overline{M_1}}{EI}R\,\mathrm{d}\varphi \right) + \sum_1^n \left(\int_{\alpha_i-\theta_i/2}^{\alpha_i+\theta_i/2} \frac{\overline{F_1}\,\overline{F_1}}{EA'}R\,\mathrm{d}\varphi \right. \\
&\quad \left. + \int_{\alpha_i+\theta_i/2}^{\alpha_{i+1}-\theta_{i+1}/2} \frac{\overline{F_1}\,\overline{F_1}}{EA}R\,\mathrm{d}\varphi \right)
\end{aligned}
\tag{2-12}
$$

式中，$\overline{M_j}$ 和 $\overline{F_j}$ 为单位力 j 单独作用基本结构上的截面弯矩和轴力。同样，可以得到 Δ_{1P} 的表达式，见公式（2-13）。

$$
\begin{aligned}
\Delta_{1P} &= \int \frac{\overline{M_1}M}{EI}\mathrm{d}s + \int \frac{\overline{F_1}F}{EA}\mathrm{d}s \\
&= \sum_1^n \left(\int_{\alpha_i-\theta_i/2}^{\alpha_i+\theta_i/2} \frac{\overline{M_1}M}{EI_i'}R\,\mathrm{d}\varphi + \int_{\alpha_i+\theta_i/2}^{\alpha_{i+1}-\theta_{i+1}/2} \frac{\overline{M_1}M}{EI}R\,\mathrm{d}\varphi \right) \\
&\quad + \sum_1^n \left(\int_{\alpha_i-\theta_i/2}^{\alpha_i+\theta_i/2} \frac{\overline{F_1}F}{EA'}R\,\mathrm{d}\varphi + \int_{\alpha_i+\theta_i/2}^{\alpha_{i+1}-\theta_{i+1}/2} \frac{\overline{F_1}F}{EA}R\,\mathrm{d}\varphi \right)
\end{aligned}
\tag{2-13}
$$

同理，可以得到 Δ_{2P} 的表达式。当 $\alpha_1-\theta_1/2=0$，$\alpha_n-\theta_n/2=\pi$ 时，我们可以得到额外的未知数 X_1 和 X_2，然后可计算任意截面的弯矩 M 和轴力 F，见公式（2-14）。

$$
\begin{aligned}
M &= \overline{M_1}X_1 + \overline{M_2}X_2 + M_P \\
F &= \overline{F_1}X_1 + \overline{F_2}X_2 + F_P
\end{aligned}
\tag{2-14}
$$

式中，M_P 和 F_P 为拱架支座处轴力和弯矩。

② 算例分析

采用以下算例进行验证：取圆形拱架 $R=9.7\mathrm{m}$，在 10°、30°、50°、82°、164°、171°和180°有节点，节点有效长度为 0.6m，截面抗弯刚度 $EI=3300\mathrm{kN\cdot m^2}$，截面

抗拉压刚度 $EA=1760000\mathrm{kN}$，节点等效刚度 $EI'=EI=3300\mathrm{kN\cdot m^2}$，荷载 $q_1=25\mathrm{kN/m}$，$q_2=50\mathrm{kN/m}$。根据计算结果绘制拱架的内力如图 2-13 所示，左侧为轴力图，右侧为弯矩图。

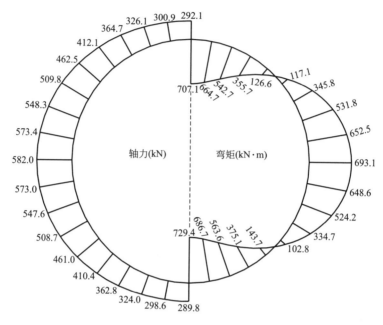

图 2-13　圆形拱架内力计算结果

　　由图 2-13 可知，在此荷载下拱顶和拱底位产生正弯矩，拱架内侧受拉。90°位置承受负弯矩，外侧受拉，承受的轴力都是压力，与实际工程中拱架的受力规律一致。

　　③ 影响机制分析

　　根据圆形拱架基本参数，研究各因素变化对圆形拱架内力的影响规律。

　　A. 荷载对拱架内力的影响

　　根据上述算例的数据，取 $\lambda=0.5$ 和 $\mu=1.5$，保持其他参数固定，改变左侧荷载 q_1，得到不同荷载下拱架任意截面的内力，如图 2-14 所示。

　　由图 2-14 分析可知，随着荷载 q_1 的变化，拱架的内力呈现如下规律：

　　拱架各截面弯矩和轴力与荷载 q_1 呈线性关系；弯矩在 0°、90° 和 180° 位置的增长速度最慢，轴力在 0° 和 180° 位置的增长速度最慢。

　　拱架弯矩有正负之分，在 45° 和 135° 位置发生变化，拱架的拱顶与拱底处的弯矩为正，拱架腰部位置处的弯矩为负。拱架轴力全部为压力，这有利于约束混凝土承载能力的充分发挥；在 90° 位置处的压力值（绝对值）最大，从 90° 位置向两侧逐渐降低。

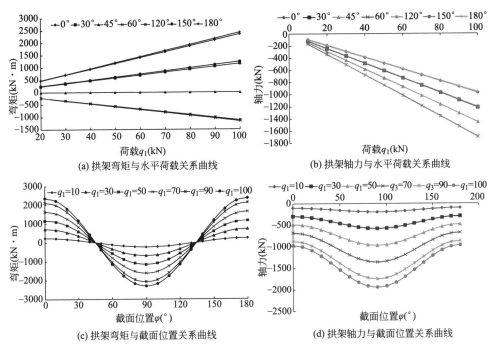

(a) 拱架弯矩与水平荷载关系曲线　　(b) 拱架轴力与水平荷载关系曲线

(c) 拱架弯矩与截面位置关系曲线　　(d) 拱架轴力与截面位置关系曲线

图 2-14　拱架内力与水平荷载/截面位置关系曲线（圆形断面）

B. 侧压力系数 λ 对拱架内力的影响

根据上述算例，节点刚度比 $\mu=1.5$，$q_2=50\mathrm{kN/m}$ 保持不变，研究侧压力系数 λ 变化对拱架内力 P 的影响规律。改变侧压力系数 λ，得到不同侧压力系数下拱架任意截面的内力，如图 2-15 所示。

由图 2-15 分析可知，通过改变侧压力系数 λ，拱架的内力产生如下规律：

拱架各截面弯矩和轴力与侧压力系数 λ 呈现线性相关关系。侧压力系数 λ 越小，拱顶越倾向于内侧受拉，90°位置越倾于外侧受拉。

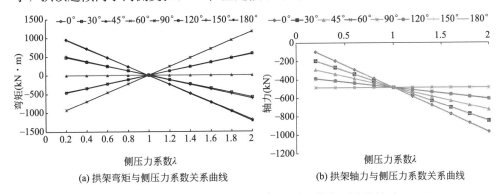

(a) 拱架弯矩与侧压力系数关系曲线　　(b) 拱架轴力与侧压力系数关系曲线

图 2-15　拱架内力与侧压力系数/截面位置关系曲线（圆形断面）（一）

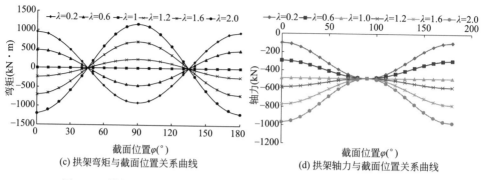

(c) 拱架弯矩与截面位置关系曲线   (d) 拱架轴力与截面位置关系曲线

图 2-15　拱架内力与侧压力系数/截面位置关系曲线（圆形断面）（二）

侧压力系数 λ＜1 时，拱架顶部和底部内侧受拉，90°位置外侧受拉；侧压力系数 λ＝1 时，拱架截面无弯矩存在，侧压力系数 λ＞1 时，拱架顶部和底部外侧受拉，两帮内侧受拉；侧压力系数 λ 越接近 1，拱架截面承受的弯矩越小。

在已有的侧压力系数变化范围内，拱架轴力总是为压力，侧压力系数 λ＜1 时，λ 越接近 0，拱顶和拱底承受的轴力越小，90°位置承受的轴力越大；λ＞1 时，λ 距离 1 越远，90°位置承受的荷载越小，拱顶承受的荷载越大，这与结构整体受力状态相一致。

C. 节点定位角 α 对拱架内力的影响

根据上述算例，保持侧压力系数 λ＝0.5，其中 $q_2＝50$kN/m；节点刚度比设为 $μ＝1.5$，将 10°、50°、171°处的节点去掉，保持 30°和 82°节点相对位置不变，来研究当 30°节点从 0°变化到 30°位置过程中拱架内力的变化规律。在不同节点定位角变化下，拱架内力如图 2-16 所示，并将 0°曲线图进行提取放大，观察其内力影响规律。

如图 2-16 所示，改变节点定位角 α 对拱架的内力影响规律为：

节点定位角变化的实质是拱架中非等刚度节点位置的变化，节点定位角对拱

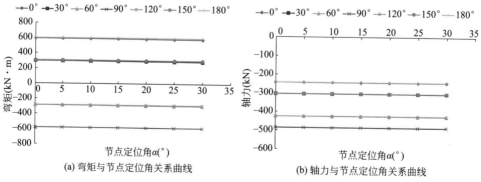

(a) 弯矩与节点定位角关系曲线   (b) 轴力与节点定位角关系曲线

图 2-16　拱架内力与节点定位角关系曲线（一）

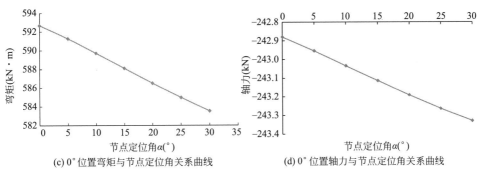

(c) 0°位置弯矩与节点定位角关系曲线   (d) 0°位置轴力与节点定位角关系曲线

图 2-16 拱架内力与节点定位角关系曲线（二）

架弯矩的影响程度大于对轴力的影响程度，拱架弯矩随节点定位角的变化而发生相应的转移。

（3）三心圆形拱架内力分析

① 内力计算

三心圆形拱架内力计算简图如图 2-17 所示，其中水平荷载为 q_1，竖向荷载为 q_2，拱架抗弯刚度为 EI，拱架的抗拉（抗压）刚度为 EA。各节点有效抗弯刚度为 $EI'_1 = EI'_2 = \cdots = EI'_n = EI$。拱架的力学计算模型为超静定结构，可用"力法"求解，解除拱顶 B 点的支座约束，以多余未知力 X_1 和 X_2 代替。

在接下来的力学分析计算中，轴力以沿拱轴线受压为负，受拉为正；弯矩以拱架内侧受拉为正，外侧受拉为负，荷载、反力以图示箭头指向为正。

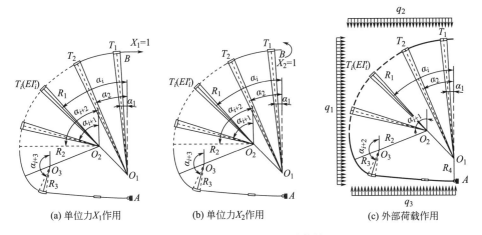

(a) 单位力 X_1 作用   (b) 单位力 X_2 作用   (c) 外部荷载作用

图 2-17 三心圆形拱架内力计算简图

力法方程见公式（2-15）。

$$\delta_{11}X_1 + \delta_{12}X_2 + \Delta_{1P} = 0$$
$$\delta_{21}X_1 + \delta_{22}X_2 + \Delta_{2P} = 0$$

(2-15)

式中，X_1 代表 B 点水平支座反力 F_{BX}；X_2 代表 B 点约束力矩 M_B；δ_{ij} 表示单位力 j 单独作用基本结构上，在 i 点产生的广义位移，Δ_{iP} 表示外荷载单独作用基本结构上，在 i 点产生的广义位移。

根据虚功原理，可求解 δ_{11}，见公式（2-16）。

$$
\begin{aligned}
\delta_{11} &= \int \frac{\overline{M_1}\,\overline{M_1}}{EI}\mathrm{d}s + \int \frac{\overline{F_1}\,\overline{F_1}}{EA}\mathrm{d}s \\
&= \int_{\alpha_1-\theta_1/2}^{\alpha_1+\theta_1/2} \frac{\overline{M_1}\,\overline{M_1}}{EI'}R\mathrm{d}\varphi + \int_{\alpha_1+\theta_1/2}^{\alpha_2-\theta_2/2} \frac{\overline{M_1}\,\overline{M_1}}{EI}R\mathrm{d}\varphi + \cdots + \int_{\alpha_i-\theta_i/2}^{\alpha_i+\theta_i/2} \frac{\overline{M_1}\,\overline{M_1}}{EI'}R\mathrm{d}\varphi \\
&\quad + \int_{\alpha_i+\theta_i/2}^{\alpha_{i+1}-\theta_{i+1}/2} \frac{\overline{M_1}\,\overline{M_1}}{EI}R\mathrm{d}\varphi + \cdots + \int_{\alpha_{n-1}+\theta_{n-1}/2}^{\alpha_n-\theta_n/2} \frac{\overline{M_1}\,\overline{M_1}}{EI}R\mathrm{d}\varphi + \int_{\alpha_n-\theta_n/2}^{\alpha_n+\theta_n/2} \frac{\overline{M_1}\,\overline{M_1}}{EI'}R\mathrm{d}\varphi \\
&\quad + \int_{\alpha_1-\theta_1/2}^{\alpha_1+\theta_1/2} \frac{\overline{F_1}\,\overline{F_1}}{EA'}R\mathrm{d}\varphi + \int_{\alpha_1+\theta_1/2}^{\alpha_2-\theta_2/2} \frac{\overline{F_1}\,\overline{F_1}}{EA}R\mathrm{d}\varphi + \cdots + \int_{\alpha_i-\theta_i/2}^{\alpha_i+\theta_i/2} \frac{\overline{F_1}\,\overline{F_1}}{EA'}R\mathrm{d}\varphi \\
&\quad + \int_{\alpha_i+\theta_i/2}^{\alpha_{i+1}-\theta_{i+1}/2} \frac{\overline{F_1}\,\overline{F_1}}{EA}R\mathrm{d}\varphi + \cdots + \int_{\alpha_{n-1}+\theta_{n-1}/2}^{\alpha_n-\theta_n/2} \frac{\overline{F_1}\,\overline{F_1}}{EA}R\mathrm{d}\varphi + \int_{\alpha_n-\theta_n/2}^{\alpha_n+\theta_n/2} \frac{\overline{F_1}\,\overline{F_1}}{EA'}R\mathrm{d}\varphi \\
&= \sum_1^n \left(\int_{\alpha_i-\theta_i/2}^{\alpha_i+\theta_i/2} \frac{\overline{M_1}\,\overline{M_1}}{EI'_i}R\mathrm{d}\varphi + \int_{\alpha_i+\theta_i/2}^{\alpha_{i+1}-\theta_{i+1}/2} \frac{\overline{M_1}\,\overline{M_1}}{EI}R\mathrm{d}\varphi \right) \\
&\quad + \sum_1^n \left(\int_{\alpha_i-\theta_i/2}^{\alpha_i+\theta_i/2} \frac{\overline{F_1}\,\overline{F_1}}{EA'}R\mathrm{d}\varphi + \int_{\alpha_i+\theta_i/2}^{\alpha_{i+1}-\theta_{i+1}/2} \frac{\overline{F_1}\,\overline{F_1}}{EA}R\mathrm{d}\varphi \right)
\end{aligned} \tag{2-16}
$$

式中，$\overline{M_j}$ 和 $\overline{F_j}$ 为单位力 j 单独作用基本结构上的截面弯矩和轴力。在进行 δ_{11} 的计算时，考虑轴力对 i 点广义位移的贡献作用，使计算结果更为精确。

同理可求解 δ_{22}、δ_{12}、Δ_{1P}、Δ_{2P}，见公式（2-17）～公式（2-20）。

$$
\begin{aligned}
\delta_{22} &= \int \frac{\overline{M_2}\,\overline{M_2}}{EI}\mathrm{d}s + \int \frac{\overline{F_2}\,\overline{F_2}}{EA}\mathrm{d}s \\
&= \sum_1^n \left(\int_{\alpha_i-\theta_i/2}^{\alpha_i+\theta_i/2} \frac{\overline{M_2}\,\overline{M_2}}{EI'}R\mathrm{d}\varphi + \int_{\alpha_i+\theta_i/2}^{\alpha_{i+1}-\theta_{i+1}/2} \frac{\overline{M_2}\,\overline{M_2}}{EI}R\mathrm{d}\varphi \right) \\
&\quad + \sum_1^n \left(\int_{\alpha_i-\theta_i/2}^{\alpha_i+\theta_i/2} \frac{\overline{F_2}\,\overline{F_2}}{EA'}R\mathrm{d}\varphi + \int_{\alpha_i+\theta_i/2}^{\alpha_{i+1}-\theta_{i+1}/2} \frac{\overline{F_2}\,\overline{F_2}}{EA}R\mathrm{d}\varphi \right)
\end{aligned} \tag{2-17}
$$

$$
\begin{aligned}
\delta_{12} = \delta_{21} &= \int \frac{\overline{M_1}\,\overline{M_2}}{EI}\mathrm{d}s + \int \frac{\overline{F_1}\,\overline{F_2}}{EA}\mathrm{d}s \\
&= \sum_1^n \left(\int_{\alpha_i-\theta_i/2}^{\alpha_i+\theta_i/2} \frac{\overline{M_1}\,\overline{M_2}}{EI'_i}R\mathrm{d}\varphi + \int_{\alpha_i+\theta_i/2}^{\alpha_{i+1}-\theta_{i+1}/2} \frac{\overline{M_1}\,\overline{M_2}}{EI}R\mathrm{d}\varphi \right) \\
&\quad + \sum_1^n \left(\int_{\alpha_i-\theta_i/2}^{\alpha_i+\theta_i/2} \frac{\overline{F_1}\,\overline{F_2}}{EA'}R\mathrm{d}\varphi + \int_{\alpha_i+\theta_i/2}^{\alpha_{i+1}-\theta_{i+1}/2} \frac{\overline{F_1}\,\overline{F_2}}{EA}R\mathrm{d}\varphi \right)
\end{aligned} \tag{2-18}
$$

$$\Delta_{1P} = \int \frac{\overline{M_1}M}{EI} \mathrm{d}s + \int \frac{\overline{F_1}F}{EA} \mathrm{d}s$$

$$= \sum_1^n \left(\int_{\alpha_i - \theta_i/2}^{\alpha_i + \theta_i/2} \frac{\overline{M_1}M}{EI'_i} R \mathrm{d}\varphi + \int_{\alpha_i + \theta_i/2}^{\alpha_{i+1} - \theta_{i+1}/2} \frac{\overline{M_1}M}{EI} R \mathrm{d}\varphi \right) \qquad (2\text{-}19)$$

$$+ \sum_1^n \left(\int_{\alpha_i - \theta_i/2}^{\alpha_i + \theta_i/2} \frac{\overline{F_1}F}{EA'} R \mathrm{d}\varphi + \int_{\alpha_i + \theta_i/2}^{\alpha_{i+1} - \theta_{i+1}/2} \frac{\overline{F_1}F}{EA} R \mathrm{d}\varphi \right)$$

$$\Delta_{2P} = \int \frac{\overline{M_2}M}{EI} \mathrm{d}s + \int \frac{\overline{F_2}F}{EA} \mathrm{d}s$$

$$= \sum_1^n \left(\int_{\alpha_i - \theta_i/2}^{\alpha_i + \theta_i/2} \frac{\overline{M_2}M}{EI'_i} R \mathrm{d}\varphi + \int_{\alpha_i + \theta_i/2}^{\alpha_{i+1} - \theta_{i+1}/2} \frac{\overline{M_2}M}{EI} R \mathrm{d}\varphi \right) \qquad (2\text{-}20)$$

$$+ \sum_1^n \left(\int_{\alpha_i - \theta_i/2}^{\alpha_i + \theta_i/2} \frac{\overline{F_2}F}{EA'} R \mathrm{d}\varphi + \int_{\alpha_i + \theta_i/2}^{\alpha_{i+1} - \theta_{i+1}/2} \frac{\overline{F_2}F}{EA} R \mathrm{d}\varphi \right)$$

式中，M 和 F 为荷载单独作用基本结构上的截面弯矩和轴力。

令 $\alpha_1 - \theta_1/2 = 0$，$\alpha_n + \theta_n/2 = \pi$，可求得多余未知力 X_1 和 X_2，进一步可求得三心圆形拱架任意截面的弯矩 M 和轴力 F，见公式（2-21）。

$$M = \overline{M_1}X_1 + \overline{M_2}X_2 + M_P$$
$$F = \overline{F_1}X_1 + \overline{F_1}X_2 + F_P \qquad (2\text{-}21)$$

式中，M_P 和 F_P 为拱架支座处轴力和弯矩。

② 算例分析

可采用以下算例进行验证：取三心圆形拱架 $R_1 = 10.53\mathrm{m}$、$R_2 = 7.0\mathrm{m}$、$R_3 = 2.4\mathrm{m}$、$R_4 = 28.17\mathrm{m}$、$\beta_1 = 50°$、$\beta_2 = 57°$、$\beta_3 = 57°$、$\beta_4 = 16°$，在 $10°$、$30°$、$50°$、$82°$、$164°$、$171°$ 和 $180°$ 处有节点，节点有效长度为 $0.6\mathrm{m}$，截面抗弯刚度为 $EI = 3300\mathrm{kN} \cdot \mathrm{m}^2$，截面抗拉压强度 $EA = 1760000\mathrm{kN}$，节点刚度 $EI' = EI = 3300\mathrm{kN} \cdot \mathrm{m}^2$，荷载 $q_1 = 25\mathrm{kN/m}$、$q_2 = 50\mathrm{kN/m}$。根据计算结果绘制拱架的内力图见图 2-18。

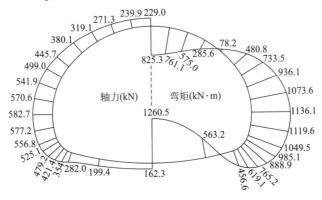

图 2-18　三心圆形拱架内力图

从图 2-18 中可以看出，在此荷载下拱顶和拱底部位产生正弯矩，即拱架内侧受拉，在 90°承受负弯矩，即外侧受拉，承受的轴力都为压力，与实际工程中拱架的受力规律一致。

③ 影响机制分析

根据三心圆形拱架基本参数，研究各因素变化对三心圆形拱架内力的影响规律。

A. 荷载对拱架内力的影响

根据上述算例的数据，取 $\lambda=0.5$，$\mu=1.5$，保持其他参数固定，改变左侧荷载 q_1，得到任意截面在不同荷载下的截面弯矩和轴力，绘制 $q_1=10\text{kN/m}$ 和 $q_1=60\text{kN/m}$ 时拱架的内力图，见图 2-19。不同荷载下拱架任意截面处的内力如图 2-20 所示。

从拱架内力图 2-19 中可知，荷载变化不影响内力图的形态，只改变截面内力的相对大小。其他因素保持不变，荷载增大与拱架内力呈线性变化关系，这与线弹性模型的基本假定相一致。在 180°弯矩出现最大值，在 95°附近弯矩也较大，而轴力的最大值出现在 90°附近。

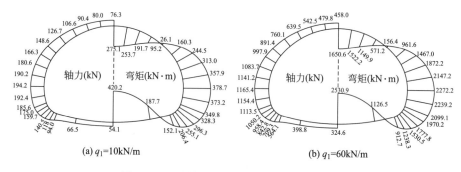

图 2-19 不同荷载下的三心圆形拱架内力图

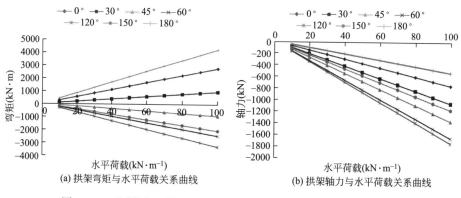

图 2-20 不同荷载下拱架任意截面处的内力（三心圆形断面）（一）

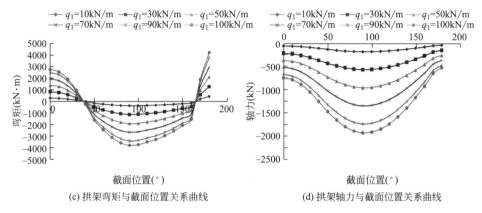

(c) 拱架弯矩与截面位置关系曲线　　　(d) 拱架轴力与截面位置关系曲线

图 2-20　不同荷载下拱架任意截面处的内力（三心圆形断面）（二）

由图 2-20 可知，随着荷载 q_1 的增大，截面内力线性增大，同一截面增长率基本相等，荷载 q_1 变化对各截面内力的增长速率影响不同，由图 2-20（a）、（c）可知，180°附近弯矩增长速率比较大，由图 2-20（b）、（d）可知，120°和 60°附近轴力变化速率较大。

B. 侧压力系数 λ 对拱架内力的影响

根据上述算例，节点刚度比 $\mu = 1.5$，$q_2 = 50kN/m$ 保持不变，研究侧压力系数 λ 变化对拱架内力的影响规律。通过改变不同侧压力系数，得到不同侧压力系数下拱架不同截面处的内力，如图 2-21 所示。

由图 2-21 可知，改变侧压力系数 λ 会对截面内力产生以下规律：

侧压力系数 λ 越小，拱顶越倾向于内侧受拉，90°位置倾向于外侧受拉，而无论侧压力系数 λ 取值多少，拱底都是内侧受拉。

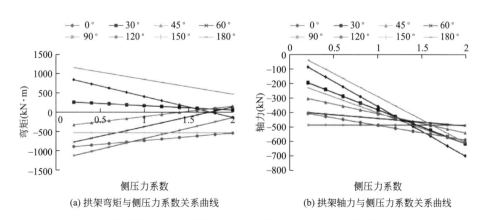

(a) 拱架弯矩与侧压力系数关系曲线　　　(b) 拱架轴力与侧压力系数关系曲线

图 2-21　不同侧压力系数下拱架不同截面处的内力（三心圆形断面）（一）

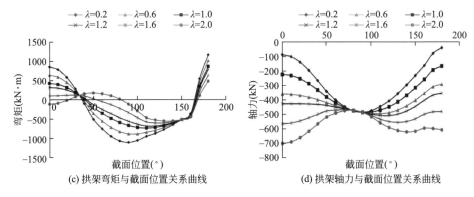

(c) 拱架弯矩与截面位置关系曲线　　　　(d) 拱架轴力与截面位置关系曲线

图 2-21　不同侧压力系数下拱架不同截面处的内力（三心圆断面）（二）

　　保持上部荷载不变，侧压力系数 $\lambda < 1$ 时，随着左侧荷载 q_1 的增大，整体所受弯矩反而越小，这是由于左侧荷载的增大使得 90°位置变形变小，整体受力趋于合理。

　　侧压力系数增大到一定值时，顶部承受负弯矩。当 $\lambda = 2.0$ 时，拱顶 70°附近承受正弯矩，即顶部外侧受拉，70°附近内侧受拉。

　　在已有的侧压力系数变化范围内，拱架轴力总为压力，侧压力系数 $\lambda < 1$ 时，λ 越接近 0，拱顶和拱底承受的轴力越小，90°位置承受的轴力越大；$\lambda > 1$ 时，λ 距离 1 越远，90°位置承受的轴力越小，拱顶和拱底承受的轴力越大，这和整体力的平衡状态一致。拱架各截面弯矩和轴力与侧压力系数 λ 呈现线性相关。

　　C. 拱架节点定位角 α 变化对拱架内力的影响

　　根据上述算例，保持侧压力系数 $\lambda = 0.5$，$q_2 = 50kN/m$，节点刚度比 $\mu = 1.5$ 不变，将 10°、50°、171°处的节点去掉，保持 30°和 82°节点相对位置不变，研究 30°节点从 0°变化到 30°位置过程中拱架内力的变化规律。通过改变不同节点定位角，得到不同节点定位角下拱架任意截面处的内力，如图 2-22 所示。

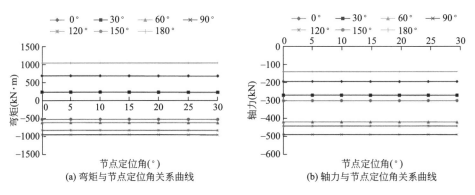

(a) 弯矩与节点定位角关系曲线　　　　(b) 轴力与节点定位角关系曲线

图 2-22　不同节点定位角下拱架任意截面处的内力（一）

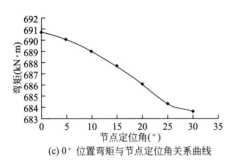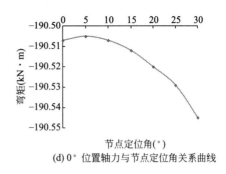

(c) 0°位置弯矩与节点定位角关系曲线   (d) 0°位置轴力与节点定位角关系曲线

图 2-22　不同节点定位角下拱架任意截面处的内力（二）

根据计算结果，可得节点定位角的变化对拱架内力的影响规律如下：

节点定位角对拱架弯矩的影响程度大于对轴力的影响程度，其对轴力的影响微弱。从整体看，节点定位角对弯矩的影响差异率在 10% 以内，而且大部分在 1% 左右。节点定位角变化的实质是非等刚度节点的位置变化对拱架内力的影响。

3. 拱架承载力分析

强度破坏是地下工程拱架的主要破坏形式，掌握拱架强度承载力规律，分析拱架破坏位置，对地下工程支护的研究和实践具有重要的意义。

约束混凝土拱架根据截面形状可分为方钢约束混凝土拱架、圆钢约束混凝土拱架以及 U 型钢约束混凝土拱架等，拱架截面形状如图 2-23 所示。本节以现场常用的方钢与圆钢约束混凝土拱架为研究对象，开展拱架承载力理论分析。

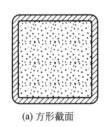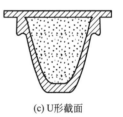

(a) 方形截面　　　　　(b) 圆形截面　　　　　(c) U形截面

图 2-23　拱架截面形状

（1）方钢约束混凝土构件

由拱架内力计算结果可以看出，拱架受力主要处于压弯状态，因此需要得到构件的压弯强度判据。

方钢约束混凝土压弯构件强度承载力计算方法见公式（2-22）和公式（2-23）[127]。

当 $N/N_u \geqslant 2\eta_0$ 时，

$$\frac{N}{N_u} + \frac{a \cdot \beta_m \cdot M}{M_u} \leqslant 1 \qquad （2-22）$$

当 $N/N_u < 2\eta_0$ 时，

$$\frac{-b \cdot N^2}{N_u^2} - \frac{c \cdot N}{N_u} + \frac{\beta_m \cdot M}{M_u} \leqslant 1 \tag{2-23}$$

对于圆约束混凝土，ζ_0 和 η_0 取值见公式（2-24）。

$$\zeta_0 = 0.18\xi^{-1.15} + 1; \quad \eta_0 = \begin{cases} 0.5 - 0.245\xi & (\xi \leqslant 0.4) \\ 0.1 + 0.14\xi^{-0.84} & (\xi > 0.4) \end{cases} \tag{2-24}$$

对于方钢约束混凝土，ζ_0 和 η_0 取值见公式（2-25）。

$$\zeta_0 = 0.14\xi^{-1.3} + 1; \quad \eta_0 = \begin{cases} 0.5 - 0.318\xi & (\xi \leqslant 0.4) \\ 0.1 - 0.13\xi^{-0.81} & (\xi > 0.4) \end{cases} \tag{2-25}$$

式中，$a = 1 - 2\eta_0$；$b = (1 - \zeta_0) / \eta_0^2$；$c = 2 \cdot (\zeta_0 - 1) / \eta_0$；$M_u = \gamma_m \cdot W_{scm} \cdot f_{sc}$；$N_u = A_{sc} \cdot f_{sc}$；$\beta_m$ 为等效弯矩系数（取 1.0）；N 为截面轴力值；M 为截面弯矩值；M_u 为纯弯强度承载力；N_u 为轴压强度承载力；ξ 为约束效应系数，$\xi = (A_s \cdot f_y) / (A_c \cdot f_{ck})$；$f_y$ 为钢材的屈服强度；f_{ck} 为混凝土轴心抗压强度标准值；f_{sc} 约束混凝土组合轴压强度设计值；A_{sc} 为约束混凝土横截面面积，$A_{sc} = A_s + A_c$；A_c 为混凝土截面面积；A_s 为钢管横截面面积；γ_m 为抗弯强度承载力计算系数；W_{scm} 为构件截面抗弯模量。

可采用以下算例进行分析：构件参数为外边长 150mm，壁厚 8mm，内填 C40 混凝土；钢材参数为屈服强度 345MPa，弹性模量 2.04GPa。推导其压弯强度承载力计算公式。

将材料参数代入计算公式（2-22）~公式（2-25）。

$$f_{ck} = 26.8\text{MPa}, \quad f_y = 345\text{MPa}, \quad \frac{A_s}{A_c} = 0.25, \quad \xi = \frac{A_s f_y}{A_c f_{ck}} = \frac{0.25 \times 345}{26.8} = 3.22$$

$$A_{sc} = 0.15^2 = 0.0225\text{m}^2, \quad \gamma_m = 1.04 + 0.48\ln(\xi + 0.1) = 1.62$$

$$W_{scm} = B^3 / 6 = 0.00056\text{m}^3$$

$$f_{sc} = (1.18 + 0.85\xi)f_{ck} = 104.98\text{MPa}, \quad N_u = f_{sc} \cdot A_{sc} = 2.36 \times 10^6 \text{N}$$

$$M_u = \gamma_m W_{scm} f_{sc} = 95.24 \times 10^3 \text{N} \cdot \text{m}$$

$$\zeta_0 = 1 + 0.14\xi^{-1.3} = 1.03, \quad \eta_0 = 0.1 + 0.13 \cdot \xi^{-0.81} = 0.15$$

$$a = 1 - 2 \cdot \eta_0 = 0.7, \quad b = \frac{1 - \zeta_0}{\eta_0^2} = -1.33, \quad c = \frac{2 \cdot (\zeta_0 - 1)}{\eta_0} = 0.4$$

令 $n = N / N_u$，$m = M / M_u$

可得该类构件的压弯强度承载力计算方法，见公式（2-26）。

$$\begin{aligned} 1.33n^2 - 0.4n + m - 1 \leqslant 0, \quad n < 0.3 \\ n + 0.7m - 1 \leqslant 0, \quad n \geqslant 0.3 \end{aligned} \tag{2-26}$$

由此可绘制对应的 m-n 曲线，如图 2-24 所示。

m—n 曲线的物理意义：当得到构件的轴力 N 和弯矩 M 之后，进一步计算得到 m 和 n，当 m、n 在图中对应位置处于所示曲线与坐标轴正向包络范围之内

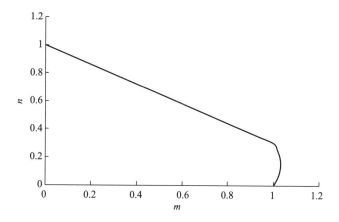

图 2-24 构件 $m—n$ 曲线（方形截面）

时，构件强度可靠，不出现强度破坏问题，反之出现强度破坏问题。

（2）圆钢约束混凝土构件

圆钢约束混凝土压弯构件强度承载力计算方法见公式（2-27）和公式（2-28）[127]。

当 $N/N_u \geqslant 2\eta_0$ 时，

$$\frac{N}{N_u} + \frac{a \cdot \beta_m \cdot M}{M_u} \leqslant 1 \tag{2-27}$$

当 $N/N_u < 2\eta_0$ 时，

$$\frac{-b \cdot N^2}{N_u^2} - \frac{c \cdot N}{N_u} + \frac{\beta_m \cdot M}{M_u} \leqslant 1 \tag{2-28}$$

式中，$a = 1 - 2\eta_0$；$b = (1 - \zeta_0) / \eta_0^2$；$c = 2(\zeta_0 - 1) / \eta_0$；$M_u = \gamma_m \cdot W_{scm} \cdot f_{scy}$；$N_u = A_{sc} \cdot f_{sc}$；$\beta_m$ 为等效弯矩系数（取 1.0）；N 为截面轴力值；M 为截面弯矩值；M_u 为纯弯强度承载力；N_u 为轴压强度承载力；γ_m 为抗弯强度承载力计算系数；W_{scm} 为构件截面抗弯模量；ζ_0 和 η_0 取值见公式（2-24）和公式（2-25）。

可采用以下算例进行分析：构件参数为外直径（简称外径）159mm，壁厚8mm，内填 C40 混凝土，推导其压弯强度承载力计算公式。将材料参数代入公式（2-27）、公式（2-28）：

$$f_{ck} = 26.8 \text{MPa}, \quad f_y = 345 \text{MPa}, \quad \frac{A_s}{A_c} = 0.24, \quad \xi = \frac{A_s f_y}{A_c f_{ck}} = \frac{0.24 \times 345}{26.8} = 3.09$$

$$A_{sc} = \frac{\pi (0.159)^2}{4} = 0.0199 \text{m}^2, \quad \pi \text{ 取 } 3.1415926, \quad \gamma_m = 1.1 + 0.48\ln$$

$(\xi + 0.1) = 1.66$

$$W_{scm} = \frac{\pi (0.159)^3}{32} = 0.00039 \text{m}^3, \quad f_{sc} = (1.14 + 1.02\xi) f_{ck} = 115.02 \text{MPa}$$

$$N_u = f_{sc} \cdot A_{sc} = 2.29 \times 10^6 \text{N}, \quad M_u = \gamma_m W_{scm} f_{sc} = 74.46 \times 10^3 \text{N} \cdot \text{m}$$

$$\zeta_0 = 1 + 0.18\xi^{-1.15} = 1.05, \quad \eta_0 = 0.1 + 0.14 \cdot \xi^{-0.84} = 0.15$$

$$a = 1 - 2 \cdot \eta_0 = 0.7, \quad b = \frac{1 - \zeta_0}{\eta_0^2} = -2.22, \quad c = \frac{2 \cdot (\zeta_0 - 1)}{\eta_0} = 0.67$$

可得该类构件的压弯强度极限承载力计算方法,见公式(2-29)。

$$\begin{aligned} 2.22n^2 - 0.67n + m - 1 \leqslant 0, \quad n < 0.3 \\ n + 0.7m - 1 \leqslant 0, \quad n \geqslant 0.3 \end{aligned} \tag{2-29}$$

对应的 m—n 曲线如图 2-25 所示。

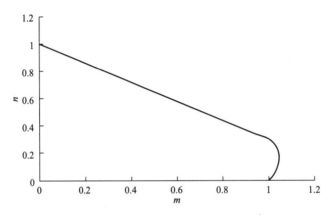

图 2-25　构件 m—n 曲线(圆形截面)

(3)拱架承载力影响机制分析

以三心圆断面、方形截面的约束混凝土拱架内力分析中的算例为例,分析不同侧压力系数对拱架承载能力的影响情况。约束混凝土构件的外边长 $B = 150mm$,壁厚 $t = 8mm$,内填 C40 混凝土。根据上述方钢约束混凝土构件内力计算公式和承载力计算判据,编制拱架承载力计算程序,计算得到拱架承载力、破坏角度与侧压力系数曲线,如图 2-26 所示。

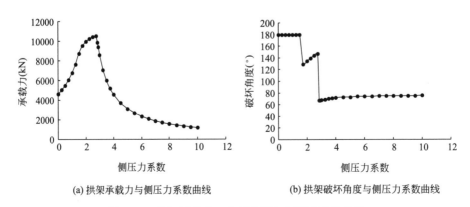

(a)拱架承载力与侧压力系数曲线　　　(b)拱架破坏角度与侧压力系数曲线

图 2-26　拱架承载力、破坏角度与侧压力系数曲线

① 侧压力系数变化对拱架承载力的影响规律

A. 侧压力系数对拱架强度承载能力影响显著，随着侧压力系数增大，拱架极限承载力显示出先增大后减小的趋势，且变化幅度明显。

B. 当 λ 在 2.75 附近时，极限荷载达到峰值，本算例的峰值为 10530N/m，达到峰值后，随着侧压力系数的增大，强度承载力迅速降低。

C. 当 $\lambda < 2$，承载力随侧压力系数 λ 增加而增大；当 $\lambda > 4$ 时，随着侧压力系数 λ 的继续增大，极限承载力逐渐趋于平缓。

② 侧压力系数变化对拱架破坏位置的影响规律

A. 侧压力系数对拱架破坏位置影响显著，随着侧压力系数增大，破坏位置呈"台阶式"变化。

B. 当 $0 \leqslant \lambda < 1.5$，破坏位置保持在 180°不变；当 $\lambda > 1.5$，破坏位置变化为 128°，并随着 λ 的增大而不断缓慢增加；当 $\lambda \geqslant 3$，破坏位置转移到 67°附近，并随着 λ 的增大破坏位置缓慢变化，并最终稳定在 75°附近。

2.2 切顶自成巷支顶护帮高强控制理论

2.2.1 切顶自成巷施工工艺

传统煤炭开采方法回采一个工作面需掘进两条顺槽巷道，留设一个区段煤柱维护巷道稳定。煤柱处应力集中，不利于巷道稳定，同时造成了煤柱资源损失。切顶自成巷工法是一种在工作面开采过程中无煤柱留设、自动形成巷道的新型采煤方法。通过预裂切缝切断采空区与巷道顶板之间的应力传递，利用矿山压力与岩体自重使采空区顶板沿切缝面垮落形成矸石帮，自动形成巷道并作为下一工作面回采巷道使用。该工法在减少巷道掘进量的同时取消了煤柱留设，降低了煤柱应力集中，提高了煤炭资源的采出率，实现了节约煤炭资源的目的。

切顶自成巷工艺流程如图 2-27 所示，具体工艺流程如下：

（1）工作面开采过程中，利用割煤机、刮板输送机和支架系统等配套系统，实现割煤机在刮板输送机机尾割煤时，超越机尾，割出巷道空间。

（2）配套装备紧跟工作面，在割煤机割出巷道空间后，对巷道顶板进行锚固支护，并对采空区侧顶板进行预裂切缝。

（3）在工作面开采过程中，预裂切缝外侧的采空区顶板在自重与矿山压力共同作用下发生垮落，垮落岩体在支顶护帮结构作用下保持稳定，巷道自动形成。

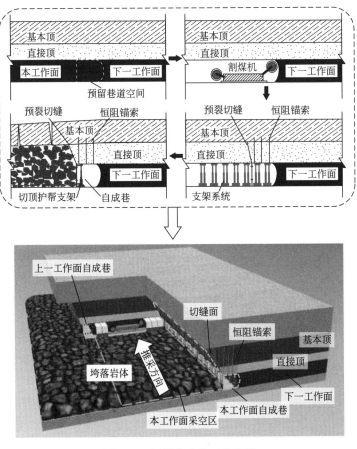

图 2-27 切顶自成巷工艺流程

2.2.2 切顶自成巷支顶护帮控制需求

自成巷围岩稳定控制是切顶自成巷工法成功应用的关键。在自成巷围岩控制技术方面，通过支顶护帮结构配合锚固支护控制顶板变形，同时利用支顶护帮结构抵抗采空区垮落岩体的侧向荷载。垮落岩体的整体性差、强度低，产生的挤压作用使支顶护帮结构处于压弯受力状态。

目前支顶护帮结构主要由切顶护帮支架与 U 型钢挡矸组成。护帮支架在自成巷稳定后需要接续循环使用，自重大、成本高，施工效率低，易出现接续紧张的问题。U 型钢挡矸的承载能力不足，在压弯荷载作用下易出现屈曲失稳，如图 2-28 所示。因此，为实现对自成巷围岩变形的稳定控制，需要研发一种具有高强、高刚特性的支顶护帮支护技术。

图 2-28　U 型钢挡矸屈曲失稳

2.2.3　约束混凝土支顶护帮支护技术

为满足切顶自成巷支顶护帮高强支护控制需求，提出约束混凝土支顶护帮高强支护技术，如图 2-29 所示。

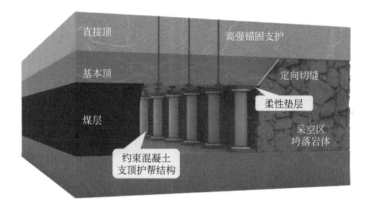

图 2-29　约束混凝土支顶护帮高强支护技术

该技术采用高强约束混凝土支柱控制巷道顶板下沉与碎石帮侧向垮落。约束混凝土支柱是在空心钢管中填充混凝土制成的，为便于现场施工，可填充轻骨料混凝土降低支护结构的重量。与传统支顶护帮结构相比，约束混凝土支顶护帮结构具有以下优点：

（1）约束混凝土支顶护帮结构具有高强的承载特性，可以对巷道顶板与碎石巷帮提供支撑力，有效控制自成巷围岩的变形。

（2）约束混凝土支顶护帮结构的顶部有柔性垫层，允许围岩产生部分收敛变形，使岩层内积聚的能量得到有效释放，充分调动巷道围岩的自承能力。

（3）约束混凝土支顶护帮结构有取材方便、加工周期短、制作成本低的优点。在现场应用时，约束混凝土支顶护帮结构的施工便捷度高，可有效提高现场施工效率。

2.2.4 约束混凝土支顶护帮支护理论

为明确约束混凝土支顶护帮结构支护机制,本节通过建立切顶自成巷支顶护帮结构力学模型,开展约束混凝土支顶护帮结构受力分析,推导支顶护帮结构组合受力计算公式,揭示自成巷参数对支顶护帮结构受力的影响机制。

1. 支顶护帮结构受力模型

锚固支护结构使自成巷直接顶与基本顶形成组合短臂梁结构(区域Ⅰ),在岩体自重作用下发生回转下沉,由支顶护帮结构、垮落矸石、实体煤帮与采空区基本顶共同支撑,如图 2-30 所示。同时,利用支顶护帮结构抵抗采空区垮落岩体(区域Ⅱ)的侧向荷载。为明确支顶护帮结构的受力特征,分别对组合短臂梁结构(区域Ⅰ)与采空区垮落岩体(区域Ⅱ)进行力学分析,建立切顶自成巷支顶护帮结构力学模型。

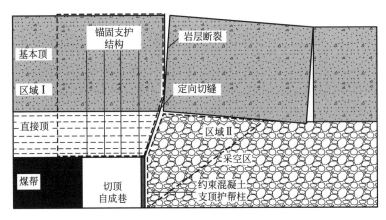

图 2-30 切顶自成巷围岩结构示意图

将切顶自成巷支顶护帮结构力学模型简化,如图 2-31 所示,做出如下假设:

1)将自成巷直接顶与基本顶简化为组合梁结构,以实体煤帮弹塑性交界面为旋转轴向下旋转倾斜,在弯曲变形分析时符合平截面假定。

2)垮落岩体为均匀各向同性的无黏性散体,将垮落岩体沿"准滑移面"滑动作为其最不利状态,支顶护帮结构被视为挡土墙结构。

3)垮落岩体利用自身碎胀特性均匀充满采空区,切缝面与垮落岩体之间仅考虑垮落岩体滑移后产生的摩擦力与支撑力。

2. 支顶护帮结构组合受力分析

(1)支顶护帮结构侧向受力分析

通过对垮落岩体进行受力分析,得到垮落岩体对支顶护帮结构的侧向荷载,同时,分析得到垮落岩体对自成巷顶板的支撑作用。将采空区垮落岩体视为无黏

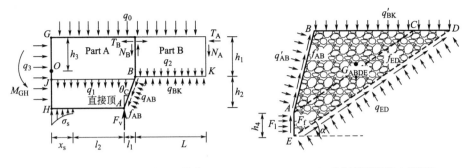

(a) 自成巷顶板结构力学模型　　　　　　(b) 采空区垮落岩体力学模型

注：
h_1	为 Part A 的高度；	
h_2	为定向切缝高度；	
h_3	为点 O 与点 G 之间的距离，点 O 位于直接顶与基本顶组成的组合梁截面中性面上；	
h_4	为巷道高度；	
θ_C	为定向切缝角度；	
x_s	为煤帮内极限平衡区宽度；	
l_1	为定向切缝的水平投影长度；	
l_2	为切顶自成巷宽度；	
L	为采空区基本顶断裂跨度；	
α	为准滑动面与水平面之间的角度；	
σ_s	为煤帮对顶板的支撑力；	
q_0	为基本顶上覆盖松软岩层的均布荷载；	
q_1	为直接顶与基本顶组成的组合梁自重；	
q_2	为 Part A 的自重；	
q_3	为 GH 交界面的均布荷载；	
M_{GH}	为 GH 交界面处的弯矩；	
q_{AB}、f_{AB}	为采空区垮落岩体对切缝面的支撑力和摩擦力；	
q_{BK}	为采空区垮落岩体对切缝面与采空区上覆岩层的支撑力；	
f_{ED}、q_{ED}	为垮落岩体 $ABDE$ 在准滑移面 ED 的摩擦阻力与支撑力；	
f'_{AB}、q'_{BK}、q'_{AB}	为 f_{AB}、q_{BK}、q_{AB} 的反作用力；	
N_A、T_A	为 Part A 在 K 点处受到的剪切力和推力；	
N_B、T_B	为 Part B 在 B 点处受到的剪切力和推力；	
G_{ABDE}	为垮落岩体 $ABDE$ 的自重；	
F_v	为支顶护帮结构对顶板的竖向支撑力；	
F_1	为采空区垮落岩体对支顶护帮结构产生的侧向均布荷载；	
F_f	为支顶护帮结构对采空区垮落岩体产生的竖向摩擦力。	

图 2-31　切顶自成巷支顶护帮结构力学简化模型

性散体，垮落岩体沿准滑移面滑动，取准滑移面 AC、DE 面以上的垮落岩体进行受力分析，区域 ABC 与区域 $ABDE$ 的受力状态如图 2-32 所示。

①区域 ABC 的受力分析

AB 面与 AC 面的摩擦力 f'_{AB} 与 f_{AC} 计算方法见公式（2-30）与公式（2-31）。

$$f'_{AB} = q'_{AB} \tan\phi_1 \tag{2-30}$$

$$f_{AC} = q_{AC} \tan\phi_2 \tag{2-31}$$

式中，ϕ_1 为预裂切缝面与垮落岩体之间摩擦；ϕ_2 为垮落岩体之间的摩擦角。

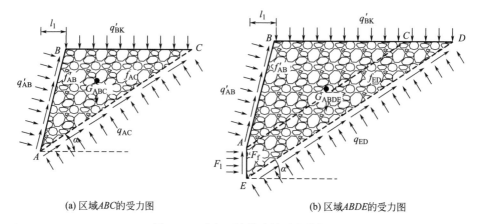

(a) 区域 ABC 的受力图　　　　　　　(b) 区域 ABDE 的受力图

图 2-32　采空区垮落岩体受力分析

对区域 ABC 受力分析，如图 2-32（a）所示，由 $\sum F_x = 0$，$\sum F_y = 0$ 可得公式（2-32）、公式（2-33）。

$$q'_{AB}h_2 + f'_{AB}L_{AB}\sin\theta_C + f_{AC}L_{AC}\cos\alpha = q_{AC}L_{AC}\sin\alpha \tag{2-32}$$

$$q'_{AB}L_{AB}\sin\theta_C + q'_{BK}(h_2/\tan\alpha - l_1) + G_{ABC}$$
$$= f'_{AB}L_{AB}\cos\theta_C + f_{AC}L_{AC}\sin\alpha + q_{AC}L_{AC}\cos\alpha \tag{2-33}$$

式中，α 为采空区垮落岩体滑移面与水平面的夹角；G_{ABC} 为区域 ABC 的岩体自重；L_{AB} 为 A 点到 B 点的距离；L_{AC} 为 A 点到 C 点的距离。

求解 q'_{AB}，见公式（2-34）。

$$q'_{AB} = \cfrac{q'_{BK}\left(\cfrac{h_2}{\tan\alpha} - l_1\right) + G_{ABC}}{h_2\left[\cfrac{(\tan\theta_C\tan\phi_1 + 1)(\sin\alpha\tan\phi_2 + \cos\alpha)}{\sin\alpha - \cos\alpha\tan\phi_2} - \tan\theta_C + \tan\phi_1\right]} \tag{2-34}$$

② 区域 ABDE 的受力分析

DE 面与 AE 面的摩擦力 f_{DE} 与 F_f 计算方法见公式（2-35）与公式（2-36）。

$$f_{DE} = q_{DE}\tan\phi_2 \tag{2-35}$$

$$F_f = F_1\tan\phi_3 \tag{2-36}$$

式中，ϕ_3 为支顶护帮结构与垮落岩体之间的摩擦角。

对区域 ABDE 受力分析，如图 2-32（b）所示，由 $\sum F_x = 0$，$\sum F_y = 0$ 可得公式（2-37）、公式（2-38）。

$$F_1h_4 + q'_{AB}h_2 + f'_{AB}L_{AB}\sin\theta_C + f_{DE}L_{DE}\cos\alpha = L_{DE}q_{DE}\sin\alpha \tag{2-37}$$

$$q'_{AB}L_{AB}\sin\theta_C + q'_{BK}[(h_{2+}h_4)/\tan\alpha - l_1] + G_{ABDE}$$
$$= f'_{AP}L_{AB}\cos\theta_C + f_{DE}L_{DE}\sin\alpha + q_{DE}L_{DE}\cos\alpha + F_fh_4 \tag{2-38}$$

式中，L_{DE} 为 D 点到 E 点的距离。

进一步可求解碎石帮侧向均布压力 F_1，见公式（2-39）。

$$F_1=\{q'_{AB}h_2[(\tan\theta_C-\tan\phi_1)-(\tan\theta_C\tan\phi_1+1)B/A]$$
$$+q_{BK}'[(h_2+h_4)/\tan\alpha-l_1]+G_{ABDE}\}/[h_4(B/A+\tan\phi_3)] \quad (2\text{-}39)$$

式中，$A=\sin\alpha-\tan\phi_2\cos\alpha$；$B=\cos\alpha+\tan\phi_2\sin\alpha$。

（2）支顶护帮结构竖向受力分析

自成巷直接顶与基本顶形成的组合短臂梁结构由支顶护帮结构、垮落矸石、实体煤帮与采空区基本顶共同支撑。在上一节已得到垮落矸石与组合短臂梁结构的相互作用力，下面对实体煤帮与采空区基本顶的支撑荷载进行分析，并对组合短臂梁结构进行受力分析，得到支顶护帮结构的竖向受力。

① 煤帮极限平衡区宽度和支撑力

组合短臂梁结构以实体煤帮弹塑性交界面 GH 为旋转轴向采空区旋转倾斜，煤帮内极限平衡区宽度 x_s 和塑性区范围的煤帮对直接顶的支撑力 σ_s 见公式（2-40）与公式（2-41）。

$$x_s=\frac{m\lambda}{2\tan\phi}\ln\left[\left(k\gamma H+\frac{c}{\tan\phi}\right)/\left(\frac{c}{\tan\phi}+\frac{p_x}{\lambda}\right)\right] \quad (2\text{-}40)$$

$$\sigma_s=\left(\frac{c}{\tan\phi}+\frac{p_x}{\lambda}\right)e^{\frac{2x\tan\phi}{m\lambda}}-\frac{c}{\tan\phi} \quad (2\text{-}41)$$

式中，c、ϕ 为煤层的黏聚力和内摩擦角；m 为煤层厚度；λ 为侧压力系数；k 为最大应力集中系数；γ 为直接顶与基本顶岩层的平均重度；H 为开采深度；p_x 为煤帮支护强度。

② 支顶护帮结构的竖向受力

对 Part A 受力分析，由 $\sum F_x=0$，$\sum F_y=0$，$\sum M=0$ 可得公式（2-42）～公式（2-44）。

$$T_A=T_B \quad (2\text{-}42)$$

$$N_A+q_0L=N_B+q_{BK}L \quad (2\text{-}43)$$

$$q_{BK}L^2/2+T_A\,(h_1-\Delta S_A)-N_AL-q_0L^2/2=0 \quad (2\text{-}44)$$

式中，ΔS_A 为 Part A 下沉量；L 为基本顶在采空区侧的断裂跨度。进一步求解 Part A 受到的侧向推力 T_A，见公式（2-45）。

$$T_A=\frac{(q_0+q_2)\,L}{2\,(h_1-\Delta S_A)} \quad (2\text{-}45)$$

基本顶岩层的断裂跨度 L 计算方法见公式（2-46）。

$$L=l\left(-\frac{l}{S}+\sqrt{\frac{l^2}{S^2}+\frac{3}{2}}\right) \quad (2\text{-}46)$$

式中，l 为基本顶的初次垮落步距；S 为工作面长度。

由公式（2-42）~公式（2-46）可计算出作用在 Part B 上的荷载 T_B 与 N_B，见公式（2-47）和公式（2-48）。

$$T_B = \frac{(q_0 + q_2)L}{2(h_1 - \Delta S_A)} \tag{2-47}$$

$$N_B = \frac{T_B(h_1 - \Delta S_A) + (q_{BK} - q_0)L^2/2}{L} \tag{2-48}$$

对自成巷基本顶与直接顶组成的组合梁结构进行受力分析，由 $\sum F_x = 0$，$\sum M = 0$ 可得公式（2-49）、公式（2-50）。

$$q_3(h_1 + h_2) - q_{AB}h_2 - T_B - f_{AB}h_2\tan\theta_C = 0 \tag{2-49}$$

$$F_v(x_s + l_2) + M_{GH} + T_B h_3 + \int_0^{x_0} \sigma_s(x_s - x)dx$$
$$- N_B(x_s + l_1 + l_2) - M_1 - M_3 - M_{AB} - M'_{AB} = 0 \tag{2-50}$$

式中，M_1、M_3、M_{AB} 与 M'_{AB} 分别为均布荷载 q_1、q_3、q_{AB} 及 f_{AB} 对 O 点产生的弯矩。O 点位于 GH 交界面的中性轴上，其位置计算方法见公式（2-51）。

$$h_3 = h_1 + h_2 - (E_1 S_1 + E_2 S_2)/(E_1 A_1 + E_2 A_2) \tag{2-51}$$

式中，A_1 与 A_2 分别为基本顶与直接顶在煤帮弹塑性交界面处的截面面积；E_1 与 E_2 分别为基本顶与直接顶岩体的弹性模量；S_1 与 S_2 分别为基本顶与直接顶截面对组合梁底端 H 处的静力矩。

为防止组合梁结构在自成巷形成过程中发生断裂，保证巷道的稳定，组合梁受拉区外边界处的应力不应大于岩体极限抗拉强度，实体煤帮弹塑性交界面 GH 处的弯矩 M 计算方法见公式（2-52）。

$$M = (E_1 I_1 + E_2 I_2) \times \sigma_t/(E_1 h_3) = M_{GH} \tag{2-52}$$

式中，σ_t 为组合梁受拉区外边界处岩体抗拉强度；I_1 与 I_2 分别为基本顶与直接顶截面对中性轴的惯性矩。

由公式（2-49）~公式（2-52）可计算得到顶板竖向荷载 F_v，见公式（2-53）。

$$F_v = [N_B(x_s + l_1 + l_2) + M_1 + M_3 + M'_{AB} + M_{AB} - M_{GH} - T_B h_3$$
$$- \int_0^{x_0} \sigma_s(x_s - x)dx]/(x_s + l_2) \tag{2-53}$$

3. 支顶护帮结构受力影响机制

（1）算例分析

以位于中国西部特大型矿井柠条塔煤矿为工程背景，进行支顶护帮结构的受力分析。该矿井设计产能为 12Mt/a。在该矿井 S1201—Ⅱ 工作面应用切顶自成巷工法，工作面走向长度 2344m，倾向长度 280m，倾角近水平。自成巷截面尺寸为 6.2m×3.75m（宽度×高度），埋深 90~160m，切缝高度 h_2 为 9m，切缝倾角 θ_C 为 10°，侧压力系数 λ 为 0.5，工作面概况如图 2-33 所示。

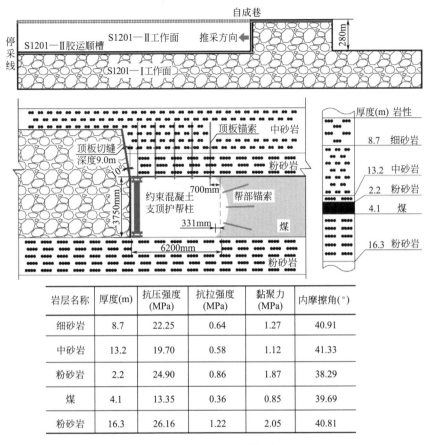

岩层名称	厚度(m)	抗压强度 (MPa)	抗拉强度 (MPa)	黏聚力 (MPa)	内摩擦角(°)
细砂岩	8.7	22.25	0.64	1.27	40.91
中砂岩	13.2	19.70	0.58	1.12	41.33
粉砂岩	2.2	24.90	0.86	1.87	38.29
煤	4.1	13.35	0.36	0.85	39.69
粉砂岩	16.3	26.16	1.22	2.05	40.81

图 2-33 S1201—Ⅱ工作面概况

① 垮落岩体侧向荷载

根据现场地质条件和工程经验得到，垮落岩体与切缝面的摩擦角 $\phi_1 = 20°$，垮落岩体内摩擦角 $\phi_2 = 35°$，垮落岩体与巷旁支护的摩擦角 $\phi_3 = 25°$。根据公式可得到垮落岩体与直接顶之间的均布荷载为 153.0kN/m。联立相关公式得到垮落岩体与巷帮支护之间的竖向摩擦力 F_f 为 32.0kN/m，巷帮支护之间的侧向均布荷载 F_1 为 68.6kN/m。

② 顶板竖向荷载

现场最大应力集中系数 $k = 3$，结合相应公式计算得到实体煤帮侧向极限平衡区宽度为 8.9m。通过相应公式计算出 O 点到基本顶上表面位置的距离为 8.3m。为保证支护结构的稳定，在计算自成巷顶板荷载时，不考虑基本顶下沉量与垮落岩体的支撑力，结合计算结果与上述地质参数，通过相关计算得每延米巷道顶板所需的支护阻力 $F_v = 1367.0kN$。

（2）受力影响机制分析

在上述现场地质条件的基础上，分析自成巷参数对支顶护帮结构受力的影响机制。自成巷参数包括切缝高度、切缝角度、基本顶抗拉强度、垮落岩体与支顶护帮结构的摩擦角。不同自成巷参数的支顶护帮结构受力如图 2-34 所示。

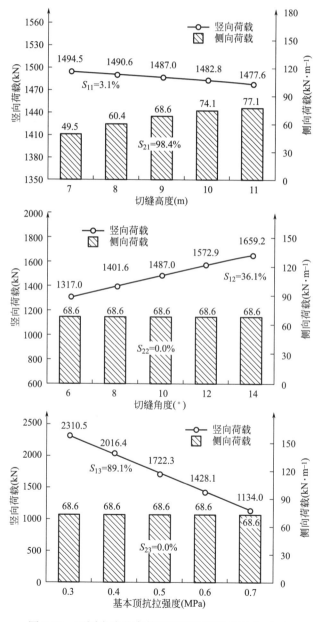

图 2-34　不同自成巷参数的支顶护帮结构受力（一）

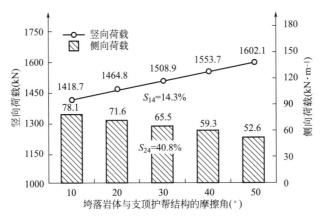

图 2-34　不同自成巷参数的支顶护帮结构受力（二）

为分析各类自成巷参数对支顶护帮结构受力的影响程度，建立了灵敏度系数 S_{ij}。$S_{ij} = [(L_{ij\,max} - L_{ij\,min})/L_{ij\,max}]/[(P_{j\,max} - P_{j\,min})/P_{j\,max}] \times 100\%$。$L_{ij\,max}$ 为支顶护帮结构所受荷载的最大值；$L_{ij\,min}$ 为支顶护帮结构所受荷载的最小值；$P_{j\,max}$ 为自成巷参数的最大值；$P_{j\,min}$ 为自成巷参数的最小值；$i=1$ 或 2，表示竖向荷载或侧向荷载；$j=1$、2、3、4，表示切缝高度、切缝角度、基本顶抗拉强度、垮落岩体与支顶护帮结构的摩擦角。

由图 2-34 分析可知：

① 切缝高度的增加使垮落岩体对切缝面的支撑力增大，降低支顶护帮结构的竖向荷载。切缝高度的增加导致垮落岩体的高度与总重量增大，使支顶护帮结构的侧向荷载增大。竖向荷载与侧向荷载对切缝高度的灵敏度系数分别为 3.1% 与 98.4%。随着切缝高度的增加，支顶护帮结构所受的侧向荷载明显增加，竖向荷载降幅较小，支顶护帮结构更易发生压弯失稳。在满足岩体碎胀填满采空区的基础上，切缝高度尽可能小。

② 切缝角度的增大导致自成巷直接顶与基本顶形成的组合梁结构体积与自重增加，进而增大了支顶护帮结构的竖向荷载。切缝角度与竖向荷载呈线性增长的关系，切缝角度对支顶护帮结构的侧向荷载无影响，在满足岩体碎胀填满采空区的基础上，切缝角度尽可能大。

③ 随着基本顶抗拉强度的增加，煤帮弹塑性交界面的抗弯承载力增强，围岩的自承力得到提高。基本顶抗拉强度与竖向荷载呈线性降低的关系，对支顶护帮结构的侧向荷载无影响。当基本顶抗拉强度较高时，可适当降低支顶护帮结构的承载力，充分发挥基本顶围岩的自承力。

④ 随着垮落岩体与支顶护帮结构的摩擦角增大，支顶护帮结构受垮落岩体向下的摩擦力增大。根据垮落岩体受力平衡，垮落岩体在准滑移面斜向上的支撑

力降低，支顶护帮结构所需的侧向支护力降低。竖向荷载与侧向荷载对摩擦角的灵敏度系数为 14.3% 与 40.8%。随着垮落岩体与支顶护帮结构的摩擦角增大，支顶护帮结构所受侧向荷载明显降低，竖向荷载增幅较小，支顶护帮结构表现出更稳定的承载性能。在支顶护帮结构施工时，建议在采空区侧进行增阻材料填充，增大支顶护帮结构与垮落岩体的摩擦阻力，改善支顶护帮结构的受力状态，提高自成巷稳定性。

按灵敏度系数排序，竖向荷载的影响排列为：基本顶抗拉强度＞切缝角度＞垮落岩体与支顶护帮结构的摩擦角＞切缝高度。侧向荷载的影响排列为：切缝高度＞垮落岩体与支顶护帮结构的摩擦角。其他参数对侧向荷载无影响。按照现场常见的自成巷参数计算得到支顶护帮结构的竖向荷载与侧向荷载在 1134kN 与 49.5kN/m 以上。因此，支顶护帮结构需要具有足够的强度与刚度抵抗顶板竖向荷载与垮落岩体侧向荷载。

2.3 本章小结

（1）建立了不同断面形式的约束混凝土拱架力学分析模型，推导了"任意节数、非等刚度"的拱架内力计算公式，分析了围岩荷载、侧压力系数、节点定位角等不同因素对拱架内力的影响规律。

（2）基于约束混凝土拱架内力计算公式，结合约束混凝土压弯强度承载判定依据，提出了约束混凝土拱架承载力计算方法。

（3）建立了约束混凝土支顶护帮结构力学模型，分析了基本顶抗拉强度、垮落岩体与支顶护帮结构的摩擦角、自成巷切缝高度与角度等参数对支顶护帮立柱受力的影响规律，提出了支顶护帮结构组合受力计算方法。

3 巷道全比尺约束混凝土拱架力学特性

本章利用自主研发的约束混凝土拱架力学试验系统，开展封闭式与半封闭式拱架力学性能试验，明确不同断面与截面形式下的单榀拱架破坏模式和承载特性，分析拱架截面设计参数对拱架承载性能的影响机制，为约束混凝土拱架的支护设计与现场应用提供依据。

3.1 试验概况

3.1.1 室内试验系统

1. 系统组成

约束混凝土拱架力学试验系统主要由反力结构、加载与控制系统、监测系统及附属构件等组成，见图 3-1。通过该试验系统开展相关试验，能够直观、深入地分析拱架的变形、失稳、破坏机制，准确、定量地掌握约束混凝土拱架的力学承载特性，准确地验证拱架的计算理论，真实有效地反映现场工程实际。

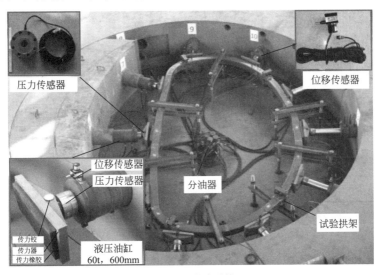

图 3-1 试验系统

反力结构为钢包混凝土结构，尺寸大（反力结构外径达到 10m），强度、刚度高（可提供超过 2400t 的反力），稳定性好，可实现小断面拱架全比尺力学试验，同时可以通过组合模块的装配调整，开展各类不同断面形式的拱架试验。

加载及控制系统由液压泵站、液压油缸、自动化测控系统、传力分散装置等构成。液压油缸有多个，安装在滑动槽内，通过放置垫块可以进行不同尺寸的约束混凝土拱架试验。自动化测控系统由数据采集及处理系统、计算机控制系统、显示系统组成，可实现高速采样，实时显示试验力及峰值。传力分散装置由传力铰、传力器及传力橡胶组成。附属构件是指挡梁，挡梁能够保证测试拱架在受到试验荷载时只能在平面内产生变形，防止平面外有失稳破坏。

监测系统由径向受力监测仪、径向位移监测仪、应变监测仪及钢混耦合监测仪构成。径向位移监测是指通过在测试构件指定位置安装位移传感器（数量根据需要确定），并配备数据采集处理单元，将试验过程中的构件径向变形情况进行准确采集和分析。径向受力监测是指通过在每个液压油缸加载压头上安装压力传感器，并配备数据采集处理单元，对试验过程中的构件径向受力情况进行准确采集和分析；应变监测是利用应变传感器对构件表面的应变进行实时采集，可以有效地分析构件指定部位的应变情况。

2. 系统功能

（1）实现小断面单榀约束混凝土拱架及其他常规拱架全比尺力学试验。

（2）利用同一套系统，配以组合式调整模块，实现不同形状约束混凝土拱架的力学试验，以适应矿山巷道、隧道、水电隧洞、地铁不同工况下的不同形状拱架，如三心圆、五心圆、六心圆、圆形、直腿半圆形、马蹄形等断面形状。

（3）通过调节油缸底座垫块的数量，可以改变试验系统的有效加载半径，实现不同尺寸拱架试验。

（4）对约束混凝土拱架混凝土破裂及钢混耦合机制进行试验分析。

（5）实现试验数据的精确量测与采集，主要包括变形、受力、应力、应变等。

3.1.2 试验方案

1. 室内试验方案

拱架力学试验对象分为半封闭式拱架与封闭式拱架两类。其中，半封闭式拱架包括直腿半圆形断面的 U36 型钢拱架、方钢约束混凝土拱架（以下简称 SQCC 拱架）以及圆钢约束混凝土拱架（以下简称 CCC 拱架）。封闭式拱架包括圆形断面的方钢约束混凝土拱架、圆钢约束混凝土拱架，以及三心圆断面的方钢约束混凝土拱架。约束混凝土拱架试验统计表如表 3-1 所示。

约束混凝土拱架试验统计表　　　　　表 3-1

序号	拱架类型	试验编号	断面形式	截面形式	荷载类型	混凝土强度等级
1	半封闭式	U36	直腿半圆形断面	U 形截面	均压	—
2		SQCC150×8		方形截面		C40
3		CCC159×10		圆形截面		
4	封闭式	SQCC150×8	圆形断面	方形截面		
5		CCC159×10		圆形截面		
6		SQCC150×8	三心圆断面	方形截面		

注："SQCC150×8"代表截面边长为 150mm，钢管壁厚为 8mm 的方钢约束混凝土拱架。"CCC159×10"代表截面直径为 159mm，钢管壁厚为 10mm 的圆钢约束混凝土拱架。

（1）加载方案

① 试验加载油缸采用 1 号～12 号油缸。

② 通过加载及控制系统对拱架进行加载，当荷载小于预计极限荷载的 90％时，加载速度为 10kN/min，每 30kN 保压 0.5min。荷载大于预计极限荷载的 90％时，加载速度为 5kN/min，每 10kN 保压 0.5min。

③ 停止加载标准：采用单调加压的方式加载，直至试件发生破坏。过程中时刻观察试件变化情况，直至试件整体进入屈服状态或产生明显破坏。

（2）监测方案

为有效地监测和采集拱架试验过程中的受力、变形情况，按照如图 3-2 所示位置布置监测点，Y_1～Y_{26} 为应变监测点，每个测点在拱架的内、外、边侧布置电阻应变片，1 号～12 号分别表示为荷载与位移测点，监测点位置示意与监测信息如图 3-2 与表 3-2 所示。

监测信息　　　　　表 3-2

监测内容	传感器	拱架类型	数量(个)	位置
径向受力监测	轮辐式测力传感器	直腿半圆形拱架	9	1 号～4 号、8 号～12 号
		三心圆拱架	10	1 号～3 号、5 号～7 号、9 号～12 号
		圆形拱架	12	1 号～12 号
径向位移监测	拉线式位移传感器	直腿半圆形拱架	9	1 号～4 号、8 号～12 号
		三心圆拱架	10	1 号～3 号、5 号～7 号、9 号～12 号
		圆形拱架	12	1 号～12 号
钢材应变监测	电阻应变片 120—3CA	直腿半圆形拱架	10	Y_1～Y_{10}
		三心圆拱架	12	Y_1～Y_{12}
		圆形拱架	26	Y_1～Y_{26}

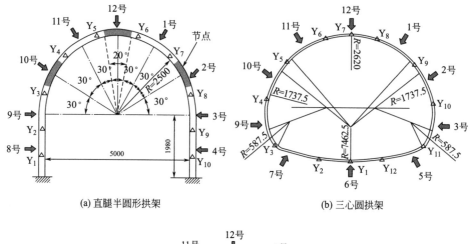

(a) 直腿半圆形拱架　　　　　(b) 三心圆拱架

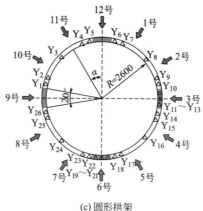

(c) 圆形拱架

图 3-2　监测点位置示意（单位：mm）

2. 数值试验方案

（1）数值模型

采用有限元软件对拱架的极限承载力及受力变形规律进行分析。模拟的拱架尺寸与室内试验试件尺寸相同。钢管和混凝土均采用减缩积分格式的六面体单元，单元类型选取 C3D8R。外部钢管与混凝土之间采用面—面接触，接触面法向为硬接触，切向采用库仑摩擦模型。

（2）材料本构

约束混凝土拱架中混凝土本构关系选取塑性损伤模型，应力—应变（σ—ε）关系模型采用参考文献 [127] 提出的公式。圆钢、方钢一般采用 Q345 钢材，方钢构件一般采用冷弯钢管，通过冷弯钢管截面屈服强度加权平均值计算公式得出钢管截面强度参数。Q345 钢材本构参数如图 3-3 所示。

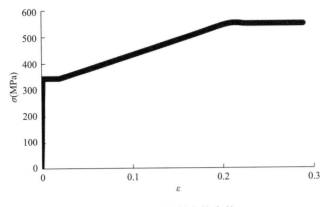

图 3-3　Q345 钢材本构参数

　　方钢约束混凝土构件中常采用冷弯钢管，冷弯钢管用轧制好的薄钢板冷弯而成，钢板经受一定的塑性变形，常出现强化和硬化。Adbel—Rahman 和 Sivaku—maran 研究了冷弯型钢的力学性能，提出了钢材的应力—应变（σ—ε）关系示意图，如图 3-4 所示，其中，钢板分为弯角区域和平板区域，如图 3-5 所示。

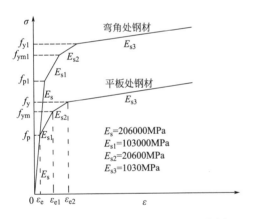

图 3-4　冷弯型钢钢材 σ—ε 关系示意图

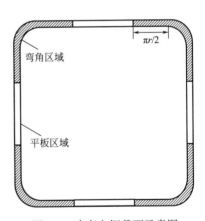

图 3-5　冷弯方钢截面示意图

　　如图 3-4 所示的应力—应变关系见公式（3-1）。

$$
\sigma = \begin{cases}
E_s\varepsilon & (\varepsilon \leqslant \varepsilon_e) \\
f_p + E_{s1}(\varepsilon - \varepsilon_e) & (\varepsilon_e < \varepsilon \leqslant \varepsilon_{e1}) \\
f_{ym} + E_{s2}(\varepsilon - \varepsilon_{e1}) & (\varepsilon_{e1} < \varepsilon \leqslant \varepsilon_{e2}) \\
f_y + E_{s3}(\varepsilon - \varepsilon_{e2}) & (\varepsilon_{e2} \leqslant \varepsilon)
\end{cases}
\tag{3-1}
$$

式中，E_s 为约束混凝土轴压弹性模量；f_y 为钢材的屈服强度；f_p 为钢材比例极限。$f_p = 0.75 f_y$；$f_{ym} = 0.875 f_y$；$\varepsilon_e = 0.75 f_y / E_s$；$\varepsilon_{e1} = \varepsilon_e + 0.125 f_y / E_{s1}$；$\varepsilon_{e2} = \varepsilon_{e1} + 0.125 f_y / E_{s2}$。

Karren 和 Winter 实测了冷弯型钢不同位置钢材屈服强度的变化规律。Adbel—Rahman 和 Sivaku—maran 研究并给出了整个弯角区域钢材屈服强度计算方法，见公式（3-2）。

$$f_{y1} = \left[0.6 \times \frac{B_c}{(r/t)^m} + 0.4 \right] \cdot f_y \qquad (3-2)$$

式中，$B_c = 3.69 (f_u/f_y) - 0.819 (f_u/f_y)^2 - 1.79$；$m = 0.192 (f_u/f_y) - 0.068$；$r$ 为倒角的半径；t 为钢管壁厚；f_u 为钢材抗拉强度极限。

对于弯角处钢材，其应力—应变关系数学表达式仍采用公式（3-1），只是将式中 f_p、f_{ym}、f_y 用 f_{p1}、f_{ym1}、f_{y1} 代替。

为了便于计算，AISI—2001（2001）给出了冷弯型钢管截面屈服强度的加权平均值计算方法，见公式（3-3）。

$$f_{ya} = C f_{y1} + (1 - C) f_{y1} \qquad (3-3)$$

式中，f_{ya} 为冷弯型钢管截面屈服强度的加权平均值；C 为钢管弯角面积与钢管总截面面积之比；f_{y1} 为弯角处钢材的屈服强度。公式的适用范围为 $f_u/f_y \geqslant 1.2$，$r/t \leqslant 7$，且弯角对应的圆心角不超过 120°。

3.2 试验结果

3.2.1 直腿半圆形约束混凝土拱架

（1）破坏模式分析

SQCC150×8 拱架、CCC159×10 拱架和 U36 型钢拱架变形与破坏形态如图 3-6 所示。

① SQCC150×8 拱架

该拱架在试验开始后较长的一段时间内未见明显的变形。随着荷载的继续增加，左右拱腿逐渐发生变形，拱架变形基本左右对称。随着试验的进一步开展，左右拱腿产生较为明显的弯曲现象，在左帮 9 号油缸加载处出现鼓曲变形、漆皮剥落等现象，表明在该位置拱腿钢材到达塑性状态，但钢材并未有明显的破坏。拱架截面形状基本未发生变化，仍能继续承受一定强度荷载。试验结束后拱架呈现"两帮弯曲，整体变高瘦"的变形形态。

拱腿漆皮剥落　拱腿弯曲屈曲	拱腿漆皮剥落　拱腿弯曲屈曲	拱腿弯曲屈曲　拱腿弯折破坏
(a) SQCC150×8拱架	(b) CCC159×10 拱架	(c) U36型钢拱架

图 3-6　拱架变形与破坏形态

② CCC159×10 拱架

该拱架在试验开始后较长一段时间内未见明显的变形。随着荷载的继续增加，左右拱腿逐渐发生变形，变形同样呈现左右对称的特点。随着试验的继续进行，拱架整体形状变瘦，左右两拱腿继续侧向内挤，拱腿的弯曲变形比 SQCC 拱架更加明显，在左右拱腿外侧 2/3 高度处均出现约束钢管弯曲变形现象，同时也产生非常明显的漆皮剥离现象，但截面形状基本未发生变化。表明拱架仍可继续承受一定强度的荷载。试验结束后，拱架同样呈现"两帮弯曲，整体变高瘦"的变形形态，两侧拱腿变形较 SQCC 拱架更加明显。

③ U36 型钢拱架

U36 型钢拱架在试验开始后，左右拱腿均较快产生变形，拱顶部位产生沉降。随着荷载的继续增加，左右拱腿变形破坏现象严重，拱架左侧拱腿处出现屈曲变形，右侧拱腿处出现严重的弯折破坏；试验结束后拱架发生严重破坏，最大变形位置在拱腿 2/3 高度处。拱架呈现"两帮弯折屈曲破坏，拱顶下沉严重"的变形破坏形态。

（2）承载能力分析

根据三类拱架的变形特征对比分析，拱架两帮变形较为明显。选取右帮 3 号加载点作为典型位置，通过研究典型位置变形与总荷载之间的关系，分析拱架的变形刚度与承载能力，拱架总荷载—位移曲线如图 3-7 所示。其中，总荷载为各油缸荷载累加之和，位移以向内变形为正。

由图 3-7 可知，拱架的变形破坏过程共包括弹性变形阶段、快速变形阶段、破坏阶段。

弹性变形阶段（OA_1、OA_2、OA_3）：此阶段施加的总荷载与位移基本呈线性关系。约束混凝土拱架的刚度远大于 U 型钢拱架的刚度。此阶段结束时，SQCC 拱架、CCC 拱架的承载力分别是 U36 拱架的 1.96 倍和 1.76 倍，位移分

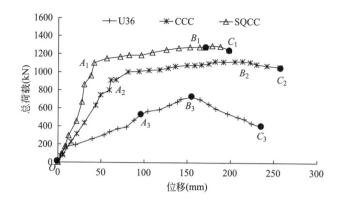

图 3-7　拱架总荷载—位移曲线

别为 U36 拱架的 43.1％和 74.9％，表明约束混凝土拱架在弹性阶段具有更高的承载能力和变形刚度。

快速变形阶段（A_1B_1、A_2B_2、A_3B_3）：在此阶段曲线的斜率减小，随着荷载的增加，SQCC 拱架和 CCC 拱架位移迅速增大，曲线趋于平缓，表明约束混凝土拱架具有恒定的支护阻力，而 U36 拱架的曲线斜率与弹性变形阶段相比变化较小；该阶段 U36 拱架的变形量远小于 SQCC 拱架与 CCC 拱架变形量。此阶段结束时，SQCC 拱架、CCC 拱架的极限承载力分别是 U36 拱架的 1.77 倍和 1.48 倍，最大位移量为 U36 拱架的 1.17 倍和 1.35 倍。

破坏阶段（B_1C_1、B_2C_2、B_3C_3）：拱架达到极限承载强度后，随着试验继续进行，约束混凝土拱架承受的荷载缓慢减小，承载力没有突然下降，即使拱架发生较大变形仍然具有较高的承载能力。试验结束时，达到极限承载强度后的 U36 拱架承载力迅速下降，变形快速增大。

3.2.2　圆形约束混凝土拱架

1. 方形截面约束混凝土拱架试验结果分析

（1）变形与承载能力分析

图 3-8 为试验后拱架整体变形图（方形截面），图 3-9 为拱架数值试验应力云图（方形截面），图 3-10 为拱架总荷载—时间曲线（方形截面），图 3-11 为数值试验总荷载—拱顶位移曲线（方形截面）。

SQCC150×8—C40 拱架试验持续 4872s 左右，整个试验过程拱架未发生明显变形。由图 3-10 可知，整个试验过程拱架荷载超过 8000kN，没有下降的趋势。由于试验系统力学传感器的限制，本次试验未能对拱架造成破坏。

由图 3-10 可知，总荷载—时间曲线均呈现阶梯状上升，这是由于在加载过程中对油缸进行了保压设置。由图 3-11 数值试验总荷载—拱顶位移曲线（方形截面）可知，拱架破坏经历了线弹性（*OA*）、塑性（*AQ*）、屈服（*QD*）三个阶段，在 *OA* 阶段拱顶位移与荷载呈线性关系，随荷载增加拱架均匀缓慢变形，在 *A* 点拱架进入塑性变形，到 *Q* 点时拱架开始屈服，荷载上升速度大幅度减小，拱架变形速度迅速加快。拱架极限承载力 F_n 为 17434kN，室内试验仅加载到拱架极限承载力的 44.79%。

图 3-8　试验后拱架整体变形图（方形截面）

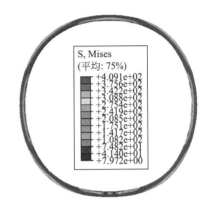

图 3-9　拱架数值试验应力云图（方形截面）

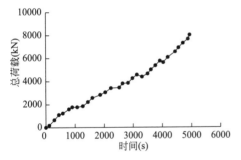

图 3-10　拱架总荷载—时间曲线
（方形截面）

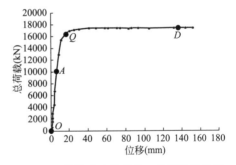

图 3-11　数值试验总荷载—拱顶位移曲线
（方形截面）

（2）拱架钢材应变数据分析

图 3-12 为拱架不同部位钢材总荷载—应变曲线（方形截面），图中"3—n、3—b、3—w"表示图 3-2 中的 3 号应变监测点，n 表示拱架内侧的应变花，b 代表边侧，w 代表外侧，其余类推。

由图 3-12 可知，最大应变监测点为 Y_3，其微应变达到 7820；Y_9 测点微应变达到 2739，Y_{21} 测点微应变达到 4873，钢材达到了塑性状态；Y_{16} 测点微应变未超过 1500，钢材处于弹性范围内。

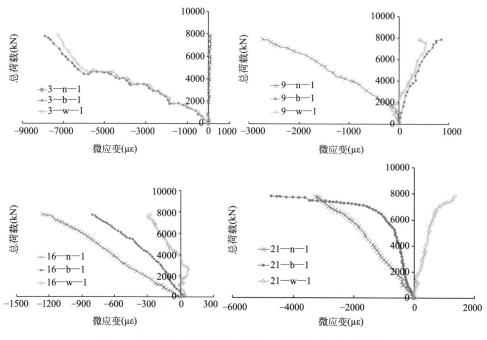

图 3-12　拱架不同部位钢材总荷载—应变曲线（方形截面）

（3）数值试验内力分析

图 3-13 和图 3-14 为通过数值试验得到的拱架内力分布图（方形截面）和内力变化曲线（方形截面）。

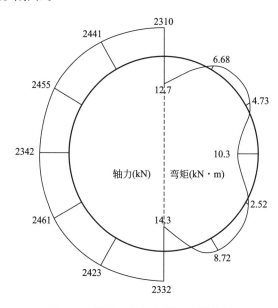

图 3-13　拱架内力分布图（方形截面）

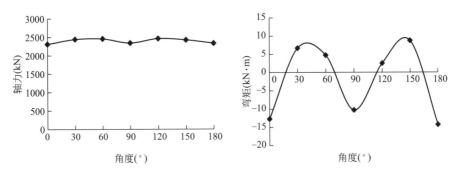

图 3-14 拱架内力变化曲线（方形截面）

通过轴力、弯矩图分析可知：拱架所受轴力分布较为均匀，轴力最大与最小值仅相差 6.1%，轴力平均值为 2394.8kN，十分接近 SQCC150×8—C40 构件轴压承载力 2726kN[110]，平均轴力达到轴压极限荷载的 87.85%。

拱架所受弯矩较小，最大弯矩为 14.3kN·m，仅为构件极限弯矩的 14.2%；在 0°~30°、60°~90°、90°~120°、150°~180°存在弯矩为 0 的部位。通过拱架内力分析可知，SQCC150×8—C40 圆形拱架在均压作用下的失稳破坏基本由轴力造成，弯矩作用很小。

2. 圆形截面约束混凝土拱架试验结果分析

（1）变形与承载能力分析

图 3-15 为试验后拱架整体变形图（圆形截面），图 3-16 为拱架数值试验应力云图（圆形截面），图 3-17 为拱架总荷载—时间曲线（圆形截面），图 3-18 为数值试验总荷载—拱顶位移曲线（圆形截面）。

图 3-15 试验后拱架整体变形图
（圆形截面）

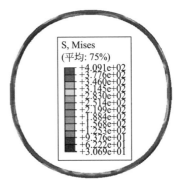

图 3-16 拱架数值试验应力云图
（圆形截面）

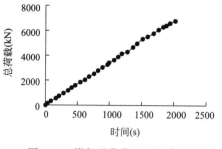

图 3-17　拱架总荷载—时间曲线
（圆形截面）

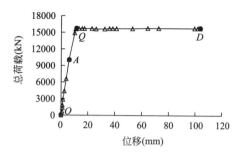

图 3-18　数值试验总荷载—拱顶位移曲线
（圆形截面）

CCC159×10—C40 拱架试验持续 2000s 左右，整个试验过程拱架未发生明显变形。由图 3-17 可知，试验结束时拱架总荷载达到 6846.1kN，没有下降的趋势。通过图 3-18 数值试验总荷载—拱顶位移曲线得到拱架极限承载力为 15698kN，室内试验仅加载到拱架极限承载力的 43.61%。

为减少油泵工作时间，保证足够加载时间，加载过程不进行保压。因此，图 3-17 呈现较为规则直线。

通过图 3-18 数值试验总荷载—拱顶位移曲线（圆形截面）可知，拱架破坏经历了线弹性（OA）、塑性（AQ）、屈服（QD）三个阶段。在 OA 阶段拱顶位移与荷载呈线性关系，随荷载增加拱架均匀缓慢变形，在 A 点拱架进入塑性变形，到 Q 点时拱架开始屈服，荷载上升速度大幅度减小，拱架变形速度快速增加。

（2）拱架钢材应变数据分析

图 3-19 为拱架不同部位钢材总荷载—应变曲线（圆形截面），图中"3—n、3—b、3—w"表示图 3-2 中的 3 号应变监测点，n 表示拱架内侧的应变花，b 代表边侧，w 代表外侧，其余类推。

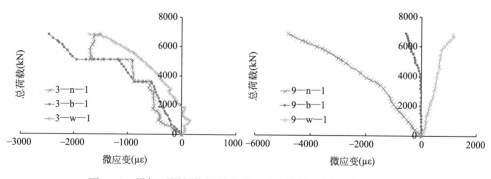

图 3-19　拱架不同部位钢材荷载—应变曲线（圆形截面）（一）

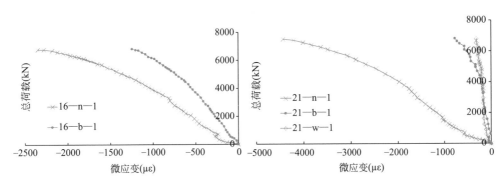

图 3-19　拱架不同部位钢材的总荷载—应变曲线（圆形截面）（二）

由图 3-19 可知，最大应变监测点为 Y_9，其微应变达到 5006；Y_9、Y_{16} 和 Y_{21} 测点微应变均超过或接近 2500，钢材进入了塑性状态。从图 3-19 中可以看出，应变与荷载总体呈线性关系，未出现较明显的水平和下降阶段，说明试验结束时拱架未发生屈服破坏。

（3）数值试验内力分析

图 3-20 和图 3-21 为通过数值试验得到的拱架内力分布图（圆形截面）和内力变化曲线（圆形截面）。

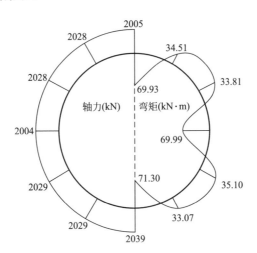

图 3-20　拱架内力分布图（圆形截面）

通过图 3-20 与图 3-21 分析可得：

拱架所受轴力在整个拱架分布较为均匀，轴力最大值与最小值仅相差 1.7%，轴力平均值为 2023.1kN，十分接近 CCC159×10—C40 构件理论轴压极限荷载 2074.8kN[127]，平均轴力达到极限荷载的 97.5%。

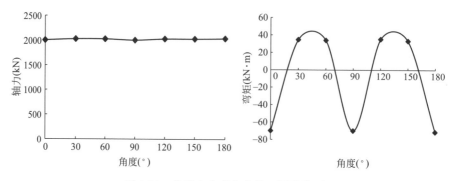

图 3-21　拱架内力变化曲线（圆形截面）

0°、90°、180°三个位置弯矩基本相同，0°～30°、60°～90°、90°～120°、150°～180°均存在弯矩为 0 的部位。通过拱架内力分析可知，CCC 圆形拱架在均压作用下受压弯组合作用破坏。

3.2.3　三心圆约束混凝土拱架

（1）拱架整体变形过程及形态

试验拱架编号为 SQCC150×8—C40，试验共用时 1397s。试验过程中对 10 个加载油缸均匀施加荷载，试验开始后拱架匀速变形，变形速度较慢，拱底变形速度最大，841s 时拱架开始屈服，尤其是拱底变形速度加快，6 号油缸推进速度明显快于其他油缸，拱架除拱底外其他部位变形不明显；1191s 时拱底变形更加明显，速度加快，此时拱底基本压平；到 1397s 试验停止，拱底已经向拱架内部凹陷，拱底变形最大，其他部位变形不明显，拱架整体变为倒"心"形。图 3-22（a）、（b）为拱架变形前后形态对比，图 3-22（c）为拱底内凹情况，图 3-23 为数值试验得到的拱架应力云图。

通过数值试验得到的拱架变形形态与室内试验基本一致，拱底变形最明显，在底部荷载的作用下向拱底内凹陷，其他部位变形不明显，拱架整体变为倒"心"形。室内试验和数值试验表明，三心圆拱架在均布荷载作用下，帮部和顶部基本不变形，底拱在荷载作用下产生大变形，使得拱架整体破坏。

（2）拱架局部变形形态

拱架底部位置出现明显的弯曲破坏，拱底中部向拱架内凹陷，见图 3-24（a）、（b）。拱架两侧出现轻微褶曲现象，见图 3-24（c）。拱架端部靠近法兰转角处发生漆皮剥离现象，见图 3-24（d）。拱架除底拱外，其他部位均未产生明显变形。

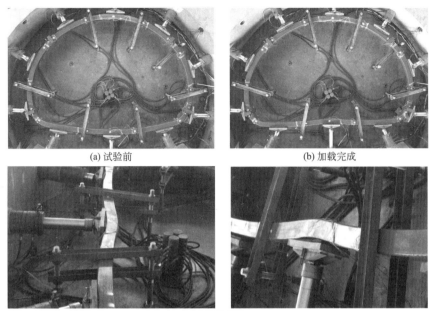

(a) 试验前　　　　　　　　　　　　　(b) 加载完成

(c) 拱底内凹

图 3-22　试验拱架破坏形态

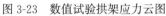

图 3-23　数值试验拱架应力云图

(a) 拱架整体变形　　　　　　　　　　(b) 拱底中部局部凹陷

图 3-24　试验拱架破坏形态（一）

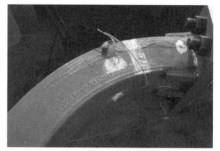

(c) 拱架两侧轻微褶曲   (d) 拱架端部漆皮剥离

图 3-24   试验拱架破坏形态（二）

（3）拱架承载能力分析

图 3-25 与图 3-26 为试验得到的总荷载—时间曲线和数值试验总荷载—拱顶位移曲线。

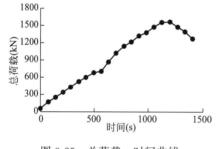

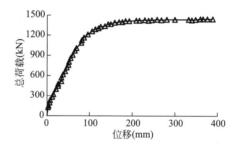

图 3-25   总荷载—时间曲线   图 3-26   数值试验总荷载—拱顶位移曲线

通过对整个试验过程的观察总结，结合图 3-25 与图 3-26 所得到的拱架变形失稳过程及形态，分析图 3-25 和图 3-26 可知：

在该加载方案下，拱架整体极限承载力 F_n 为 1576.1kN；拱架在试验进行到 841s，总荷载 1213.9kN 时发生了屈曲现象，变形加快，荷载增加速率减缓。数值试验中拱架极限承载力 F_n 为 1434.7kN，与室内试验差异率为 9.0%，验证了数值试验的正确性。

（4）拱架钢材应变数据分析

图 3-27 为拱架不同部位的总荷载—应变曲线（三心圆断面），图中 "5—n、5—b、5—w" 表示图 3-2 中的 5 号应变监测点，n 表示拱架内侧的应变花，b 代表边侧，w 代表外侧，其余类推。

由图 3-27 监测数据分析可知：

底拱两个测点 Y_1、Y_3 曲线特征明显不同于其他测点，Y_1、Y_3 曲线在拱架屈服前荷载随应变增大而增加，拱架屈服后荷载增速变小，拱架达到极限承载力后荷载开始降低，此时应变增速变快；其他测点在拱架承载 780kN 左右时，应变绝对

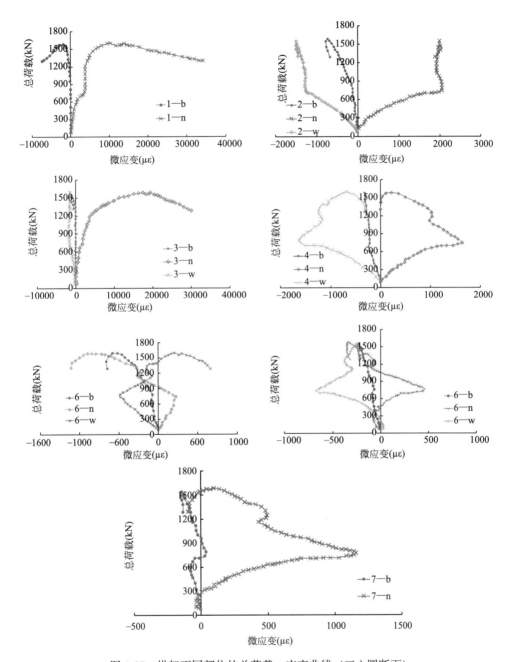

图 3-27 拱架不同部位的总荷载—应变曲线（三心圆断面）

值开始减小，当应变小于 0 以后 Y_5、Y_6 继续向与初始应变相反方向变化。

　　Y_1、Y_3 应变最大，明显大于其他测点，是其他测点的 $30\sim40$ 倍，Y_1 微应变达到 34771，Y_3 微应变达到 30006，同为底拱上的 Y_2 微应变最大 2055，其他部位微应变均未超过 1500。

应变监测可以看出，整个拱架除底拱外其他部位均在弹性变形范围内，拱架整体性破坏是由于底拱破坏造成的，其他部位尚未破坏。可见三心圆拱架在使用过程中，如果遇到底臌较为严重的情况及时铺设仰拱非常重要，底部可能成为拱架破坏的关键部位，使得顶部和帮部尚未破坏的拱架失去整体性，关键破坏部位的确定与针对性加强对拱架的设计极为重要。

（5）数值试验内力分析

通过室内试验无法直接得到拱架所受轴力和弯矩等内力，因此通过数值试验对拱架内力进行分析，图 3-28 为通过数值试验和理论计算得到的拱架内力分布图（立心圆断面），图 3-29 为数值试验得到的内力随位置和角度（拱顶为 0°）变化曲线。

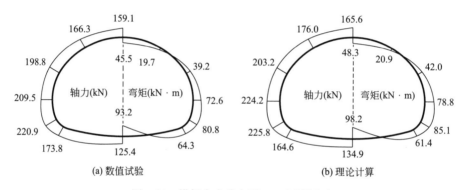

图 3-28　拱架内力分布图（三心圆断面）

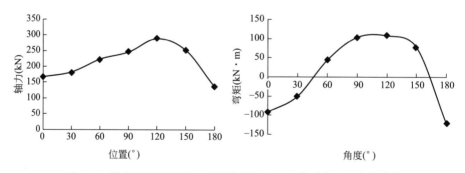

图 3-29　数值试验得到的内力随位置和角度（拱顶为 0°）变化曲线

由图 3-28 与图 3-29 可知，数值试验得到的轴力与理论计算结果的最大差异率为 7.6%、最小差异率仅为 2.1%；弯矩的最大差异率为 7.9%，最小差异率仅为 4.7%，且内力分布具有很好的一致性，验证了拱架力学性能理论计算的正确性。

拱架受轴力最大部位在拱脚，其承载力达到 220.9kN；轴力最小部位在拱底中部，承载力为 125.4kN。SQCC150×8 拱架所受轴力远未达到极限荷载 2726kN[110]，最大轴力仅为极限荷载的 8.1%。轴力总体呈现先增大后减小的趋势，从拱顶到拱脚基本呈现缓慢增加的趋势，从拱脚到拱底中部呈现快速减小的趋势。

拱顶和拱底弯矩为负，拱顶受使其向拱架内侧弯曲的弯矩，帮部弯矩为正，受使其向拱架外侧弯曲的弯矩。拱肩部位和拱底边侧存在弯矩为 0 的位置，通过拱架内力分析可知，拱架受压弯组合作用破坏，弯矩作用更加显著。

3.3 承载性能影响机制

3.3.1 直腿半圆形约束混凝土拱架

为进一步研究不同截面形状与截面尺寸对约束混凝土拱架力学性能的影响，本节对不同壁厚的 SQCC、CCC 拱架及不同长宽比的矩形截面约束混凝土拱架（简称为 RCC 拱架）进行数值试验，对比分析拱架变形特征和承载能力，侧压力系数设置为 1。

1. 试验方案

根据截面用钢量相同的原则，改变 SQCC 和 CCC 拱架截面的壁厚及 RCC 拱架的长宽比进行数值试验，如图 3-30 所示，分别用 $S×t$、$D×t$ 和 $L×H×t$ 表示 SQCC、CCC 和 RCC 的拱架截面尺寸。具体数值试验方案见表 3-3，其中，SQCC150×8 与 RCC150×150×8 截面形式相同。

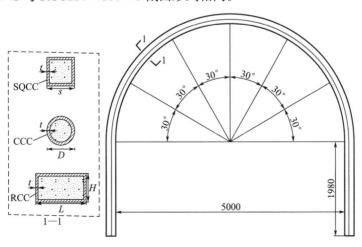

图 3-30 数值试验拱架尺寸及截面形式（单位：mm）

数值试验方案

表 3-3

方案编号	截面类型	长宽比	钢管截面面积(mm²)
S1	SQCC200×6		4656
S2	SQCC170×7		4564
S3	SQCC150×8	1：1	4544
S4	SQCC140×9		4716
S5	SQCC120×10		4400
C1	CCC245×6		4505
C2	CCC194×8		4675
C3	CCC159×10	—	4680
C4	CCC133×12		4562
C5	CCC121×15		4706
R1	RCC150×350×5	3：7	4900
R2	RCC150×225×6	4：6	4356
R3	RCC150×150×8	1：1	4544
R4	RCC150×100×10	6：4	4600
R5	RCC150×64×12	7：3	4560

2. 变形特征分析

数值试验拱架位移云图，如图 3-31 所示。

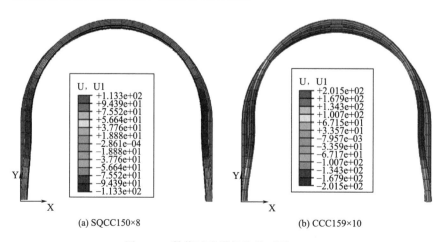

(a) SQCC150×8   (b) CCC159×10

图 3-31　数值试验拱架位移云图（一）

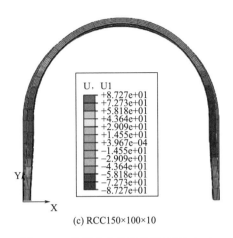

(c) RCC150×100×10

图 3-31　数值试验拱架位移云图（二）

由图 3-31 可知，数值试验的拱架变形与室内试验结果基本一致。拱架最大变形出现在拱腿的 2/3 处，拱架的拱顶位置出现明显的外凸现象，拱腿部位为反弯状态，拱顶部位为正弯状态，拱架整体呈现对称失稳现象。

3. 承载能力分析

选取与室内试验 3 号加载点相同位置进行监测，绘制各方案拱架荷载—位移曲线，如图 3-32 所示。

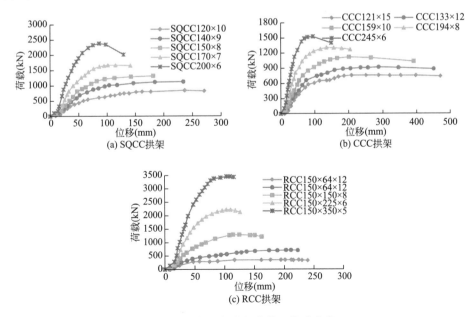

图 3-32　各方案拱架荷载—位移曲线

（1）SQCC 拱架

随着 SQCC 拱架截面边长的增大，拱架的承载能力逐渐增大，最大位移减小。其中，数值试验中 SQCC150×8 的极限承载力为 1303.0kN，最大位移为182.6mm，与室内试验结果相比，误差为 1.25% 和 0.06%，验证了数值模型的准确性。由于截面用钢量相同，随着边长的增大，壁厚逐渐减小，钢管对混凝土的约束减小，因此，荷载—位移曲线的平台段变短，SQCC200×6 曲线的平台段几乎消失，拱架到达极限承载力后进入破坏阶段，承载力迅速降低。

（2）CCC 拱架

随着 CCC 拱架截面直径的增大，CCC 拱架的变化趋势与 SQCC 拱架的变化趋势一致。其中，数值试验中 CCC159×10 的极限承载力为 1120.1kN，最大位移为 200.2mm，与室内试验结果相比误差为 0.83% 和 4.44%，验证了数值模型的准确性。随着截面直径的增大，荷载—位移曲线的平台段变短，CCC245×6 曲线的平台段同样几乎消失。

（3）RCC 拱架

RCC 拱架截面长度不变时，随着截面长度与拱架高度的比值越大，拱架的承载力越大，最大位移值越小。其中，RCC150×350×5 拱架的承载力最强，荷载—位移曲线与 SQCC200×6、CCC245×6 拱架荷载—位移曲线相比，有明显的平台段，具有恒定的支护阻力。

由数值试验结果分析可知，在本试验范围内，在约束混凝土拱架截面用钢量相同的情况下，拱架整体截面面积越大，承载力和稳定性越高。截面边长（直径）越大，钢管管壁越薄，拱架的快速变形阶段越短，拱架的抗变形能力越差。

3.3.2 圆形约束混凝土拱架

为研究圆形断面拱架力学性能的影响机制，以方形截面的约束混凝土拱架（SQCC 拱架）为例开展数值试验，分析不同混凝土强度等级、不同管壁厚度和不同侧压力系数对拱架极限承载力的影响规律，侧压力系数设置为 1.5。

1. 不同混凝土强度等级影响规律

不同混凝土强度等级的 SQCC150×8 拱架的极限承载力如表 3-4 和图 3-33 所示。

不同混凝土强度等级拱架极限承载力统计表   表 3-4

序号	拱架类型	极限承载力(kN)	提高率
1	SQCC150×8—C30	2180.1	0
2	SQCC150×8—C40	2234.1	2.48%
3	SQCC150×8—C50	2288.7	4.98%
4	SQCC150×8—C60	2331.3	6.94%
5	SQCC150×8—C70	2370.2	8.72%

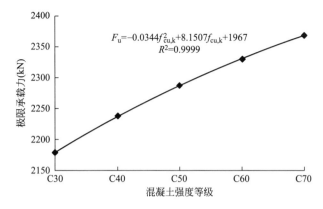

图 3-33 拱架极限承载力—不同混凝土强度等级曲线（圆形断面）

由表 3-4 可知：

（1）SQCC150×8 拱架极限承载力随着混凝土强度等级的增加而增加，灌注 C40～C70 混凝土的拱架相比于灌注 C30 混凝土拱架的极限承载力提高了 2.48%～8.72%，约束混凝土拱架的极限承载能力得到了小幅度提升。

（2）混凝土强度等级对 SQCC 拱架极限承载力影响不明显，SQCC150×8—C70 拱架的极限承载力仅比 SQCC150×8—C30 拱架的极限承载力提高了 8.72%。

由图 3-33 可知，随着混凝土强度等级的提高，SQCC150×8 拱架极限承载力逐渐增大，拟合得到了 SQCC150×8 拱架极限承载力 F_u 与混凝土强度 $f_{cu,k}$ 的关系公式，见公式（3-4）。

$$F_u = -0.0344 f_{cu,k}^2 + 8.1507 f_{cu,k} + 1967 \qquad (3-4)$$

式中，$30\text{MPa} \leqslant f_{cu,k} \leqslant 70\text{MPa}$，拟合度 $R^2 = 0.9999$。

2. 钢管壁厚影响规律

不同钢管壁厚的 SQCC150—C40 拱架的极限承载力如表 3-5 和图 3-34 所示。

不同钢管壁厚拱架极限承载力统计表 表 3-5

序号	拱架类型	极限承载力(kN)	提高率
1	SQCC150×7—C40	2012.9	0
2	SQCC150×8—C40	2234.1	10.99%
3	SQCC150×9—C40	2455.2	21.97%
4	SQCC150×10—C40	2666.8	32.49%
5	SQCC150×11—C40	2966.8	47.39%

由表 3-5 可知：

（1）随着钢管壁厚的增加，拱架极限承载力逐渐增大，钢管壁厚为 8～11mm

拱架的极限承载力比钢管壁厚为 7mm 的拱架极限承载力提高了 10.99%～47.39%。

（2）钢管壁厚对拱架极限承载力影响显著，SQCC150×11—C40 拱架的极限承载力比 SQCC150×7—C40 拱架的极限承载力提高 47.39%。

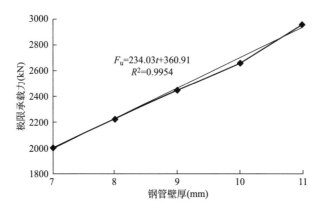

图 3-34　拱架极限承载力—钢管壁厚曲线（圆形断面）

由图 3-34 可知，SQCC150—C40 拱架极限承载力随着钢管壁厚的增加而增加，拟合得到了拱架极限承载力 F_u 与钢管壁厚 t 的关系公式，见公式（3-5）。

$$F_u = 234.03t + 360.91 \tag{3-5}$$

式中，$7mm \leqslant t \leqslant 11mm$，拟合度 $R^2 = 0.9954$。

3. 侧压力系数影响规律

对不同侧压力系数作用下的 SQCC150×8—C40 拱架极限承载力进行统计，如表 3-6 与图 3-35 所示。

不同侧压力系数拱架极限承载力统计表　　　　　表 3-6

序号	侧压力系数	极限承载力(kN)	降低率
1	1.3	3162.3	0
2	1.4	2567.4	18.81%
3	1.5	2234.1	29.35%
4	1.6	2012.4	36.36%
5	1.7	1845.8	41.63%

由表 3-6 可知：

（1）SQCC150×8—C40 拱架极限承载力随侧压力系数的增加而减小，与 $\lambda = 1.3$ 相比，当侧压力系数 $\lambda = 1.4 \sim 1.7$ 时，拱架的极限承载力降低了 18.81%～41.63%。

（2）侧压力系数对 SQCC150×8—C40 拱架极限承载力影响显著，$\lambda = 1.7$

时，SQCC150×8—C40 拱架的极限承载力比 $\lambda=1.3$ 时降低了 41.63%。

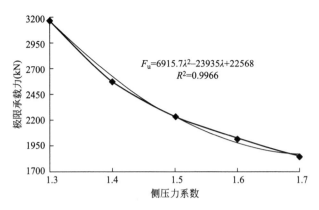

$$F_u = 6915.7\lambda^2 - 23935\lambda + 22568$$
$$R^2 = 0.9966$$

图 3-35 拱架极限承载力—侧压力系数曲线（圆形断面）

由图 3-35 可知，SQCC150×8—C40 拱架极限承载力随着侧压力系数的增加而减小，降低程度逐渐减小，拟合得到了 SQCC150×8—C40 拱架极限承载力 F_u 与侧压力系数 λ 的关系公式，见公式（3-6）。

$$F_u = 6915.7\lambda^2 - 23935\lambda + 22568 \tag{3-6}$$

式中，$1.3 \leqslant \lambda \leqslant 1.7$，拟合度 $R^2 = 0.9996$。

3.3.3 三心圆约束混凝土拱架

为研究三心圆断面拱架力学性能的影响机制，以方形截面的约束混凝土拱架（SQCC 拱架）为例开展数值试验，分析不同混凝土强度等级、不同钢管壁厚和不同侧压力系数对拱架承载力的影响规律，侧压力系数设置为 1.5。

1. 不同混凝土强度等级影响规律

对不同混凝土强度等级的 SQCC150×8 拱架的极限承载力进行统计，如表 3-7 与图 3-36 所示。

不同混凝土强度等级拱架极限承载力统计表　　　　　　　　　表 3-7

序号	拱架类型	极限承载力(kN)	提高率
1	SQCC150×8—C30	1720.2	0
2	SQCC150×8—C40	1779.5	3.45%
3	SQCC150×8—C50	1793.9	4.28%
4	SQCC150×8—C60	1826.4	6.17%
5	SQCC150×8—C70	1860.1	8.13%

由表 3-7 可知：

（1）SQCC×8—C40 拱架极限承载力随着混凝土强度等级的提高而增大，灌注 C40～C70 混凝土的拱架相比于灌注 C30 混凝土的拱架极限承载力提高了 3.45％～8.13％，方钢约束混凝土拱架的力学性能得到了小幅度的提升。

（2）混凝土强度等级对 SQCC150×8 拱架极限承载力的影响不明显，SQCC150×8—C70 拱架比 SQCC150×8—C30 拱架极限承载力仅提高了 8.13％。

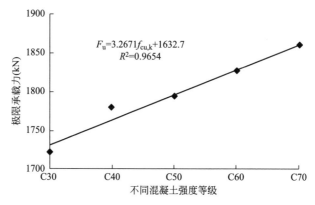

图 3-36　拱架极限承载力—不同混凝土强度等级曲线（三心圆断面）

由图 3-36 可知，随着混凝土强度等级的升高，SQCC150×8 拱架极限承载力逐渐增大。拟合得到了 SQCC150×8 拱架极限承载力 F_u 与混凝土强度 $f_{cu,k}$ 的关系公式，见公式（3-7）。

$$F_u = 3.2671 f_{cu,k} + 1632.7 \qquad (3-7)$$

式中，$30\text{MPa} \leqslant f_{cu,k} \leqslant 70\text{MPa}$，拟合度 $R^2 = 0.9654$。

2. 钢管壁厚影响规律

对不同钢管壁厚的 SQCC150—C40 拱架的极限承载力进行统计，如表 3-8 与图 3-37 所示。

不同钢管壁厚拱架极限承载力统计表　　　　表 3-8

序号	拱架类型	极限承载力（kN）	提高率
1	SQCC150×4—C40	1082.6	0
2	SQCC150×6—C40	1468.7	35.66％
3	SQCC150×8—C40	1779.5	64.37％
4	SQCC150×10—C40	2053.5	89.68％
5	SQCC150×12—C40	2222.9	105.33％

由表 3-8 可知：

（1）钢管截面边长不变，随着钢管壁厚的增加拱架极限承载力逐渐增大，钢管壁厚为 6～12mm 拱架的极限承载力比钢管壁厚为 4mm 的拱架提高了 35.66％～

105.33%。

（2）钢管壁厚对拱架极限承载力影响显著，SQCC150×12—C40 拱架的极限承载力比 SQCC150×4—C40 提高了 105.33%。

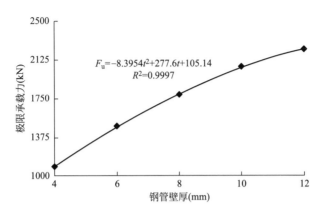

$$F_u=-8.3954t^2+277.6t+105.14$$
$$R^2=0.9997$$

图 3-37 拱架极限承载力—钢管壁厚曲线（三心圆断面）

由图 3-37 可知，SQCC150—C40 拱架承载力随着钢管壁厚的增加而提高，拟合得到了拱架极限承载力 F_u 与钢管壁厚 t 的关系公式，见公式（3-8）。

$$F_u=-8.3954t^2+277.6t+105.14 \qquad (3-8)$$

式中，$4\text{mm} \leqslant t \leqslant 12\text{mm}$，拟合度 $R^2=0.9997$。

3. 侧压力系数影响规律

对不同侧压力系数下的 SQCC150×8—C40 拱架极限承载力进行统计，如表 3-9 与图 3-38 所示。

不同侧压力系数拱架极限承载力统计表　　　　　表 3-9

序号	侧压力系数	极限承载力(kN)	降低率
1	1.3	2056.1	0
2	1.4	1938.4	5.72%
3	1.5	1779.5	13.45%
4	1.6	1763.6	14.23%
5	1.7	1695.9	17.52%

由表 3-9 可知：

（1）SQCC150×8—C40 拱架极限承载力随着侧压力系数的增加而减小，与 $\lambda=1.3$ 相比，当侧压力系数 $\lambda=1.4\sim1.7$ 时，拱架极限承载力降低了 5.72%～17.52%。

（2）侧压力系数对 SQCC150×8-C40 拱架极限承载力影响十分显著，$\lambda=1.7$ 时，SQCC150×8—C40 拱架极限承载力比 $\lambda=1.3$ 时它的极限承载力降低

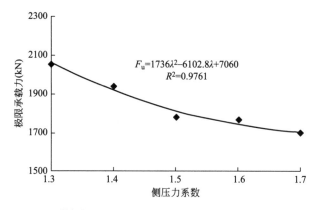

图 3-38 拱架极限承载力—侧压力系数曲线（三心圆断面）

了 17.52%。

由图 3-38 可知，SQCC150×8—C40 拱架极限承载力随着侧压力系数的增加而减小，降低程度逐渐减小，拟合得到了 SQCC150×8—C40 拱架极限承载力 F_u 与侧压力系数 λ 的关系公式，见公式（3-9）。

$$F_u = 1736\lambda^2 - 6102.8\lambda + 7060 \tag{3-9}$$

式中，$1.3 \leqslant \lambda \leqslant 1.7$，拟合度 $R^2 = 0.9761$。

3.4 本章小结

（1）作者自主研发了地下工程约束混凝土拱架全比尺力学试验系统，开展了不同截面形式的直腿半圆形拱架、圆形拱架和三心圆拱架系列力学试验，明确了拱架在均压荷载下的变形破坏形态、内力分布特征、关键破坏部位以及极限承载力。

（2）研究了钢管壁厚和边长、核心混凝土强度、侧压力系数等参数对约束混凝土拱架承载性能的影响规律，得到了各影响因素与拱架极限承载力的关系公式，明确了约束混凝土拱架的承载机制。

（3）明确了约束混凝土拱架高强承载特性与良好的延性，验证了约束混凝土拱架计算理论的正确性。在复杂条件地下工程中，可以采用约束混凝土高强支护技术对围岩变形进行有效控制。

4 隧道全比尺约束混凝土拱架力学特性与组合效应

为研究大断面交通隧道多榀组合拱架的力学性能，本章基于自主研发的地下工程组合约束混凝土拱架力学试验系统，开展组合约束混凝土拱架力学性能试验，分析其变形破坏机制与整体承载性能，明确偏压系数、钢管壁厚、混凝土强度等级、拱架间距与纵向连接环距等因素对组合约束混凝土拱架承载力的影响机制。

4.1　试验概况

4.1.1　室内试验系统

地下工程组合约束混凝土拱架力学试验系统由框架加载系统（反力装置）、加载控制系统、高精监测系统和传力分载系统四部分组成。试验系统反力装置外径 20.5m、内径 16.5m、高 6m，可提供 4800t 反力，可实现大断面组合拱架力学性能试验研究，如图 4-1 所示。

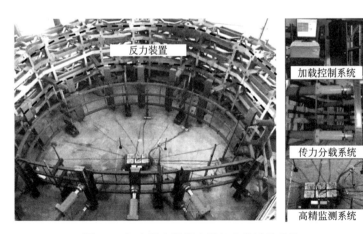

图 4-1　组合约束混凝土拱架力学试验系统

（1）加载方案

本次试验采用 12 组油缸进行同步均压加载，各组油缸编号为 $F_1 \sim F_{12}$，如图 4-2 所示。在加载过程中，通过液压控制系统实现分步保压加载，加载速率设定为 1.5kN/s，每 200kN 保压 10min，直至拱架整体进入屈服状态或产生明显破坏时，试验结束。

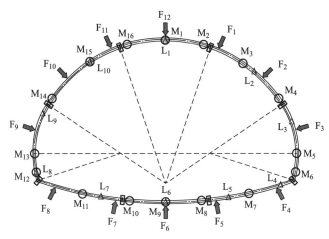

○代表拱架应力及位移测点　△代表纵向连接应力测点

图 4-2　加载监测示意图

（2）监测方案

如图 4-2 所示，M_{ij} 为拱架应力及位移测点，$i = 1 \sim 16$，i 表示测点编号，$j = \sigma_A$、Δx、Δy，分别表示拱架应力、径向位移、平面外位移。L_k 为纵向连接应力测点，$k = 1 \sim 10$，采用 σ_L 表示纵向连接应力。根据监测点的位置，应变片布置在拱架外侧和纵向连接中间位置监测钢材的应变，根据钢材的应力—应变本构关系，将应变数据转化为应力数据。

4.1.2　试验方案

1. 室内试验方案

试验方案中的拱架类型包括组合工字钢拱架、组合约束混凝土拱架（简称组合 SQCC 拱架）与单榀约束混凝土拱架（简称单榀 SQCC 拱架）。根据拱架在现场安装过程中采用三榀一循环的施工方法，组合拱架均取三榀。三类拱架均采用三心圆，拱架尺寸为 13.33m×8.05m（宽×高），每段拱架均采用法兰节点连接，法兰盘的尺寸为 260mm（长）×170mm（宽）×20mm（厚），螺栓直径为36mm。法兰盘与拱架之间采用角焊缝连接，焊脚尺寸为 11mm。具体拱架试验方案如表 4-1 所示，组合 SQCC 拱架尺寸如图 4-3、图 4-4 所示。

拱架试验方案 表 4-1

方案编号	拱架类型	拱架榀数	截面类型	钢材型号	混凝土强度等级	拱架间距	纵向连接环距	纵向连接钢筋型号
1	工字钢拱架	三榀	I20a	Q345	—	1m	1.5m	Φ25
2	组合约束混凝土拱架	三榀	SQCC150×8	Q345	C40	1m	1.5m	Φ25
3	单榀约束混凝土拱架	单榀	SQCC150×8	Q345	C40	—	—	—

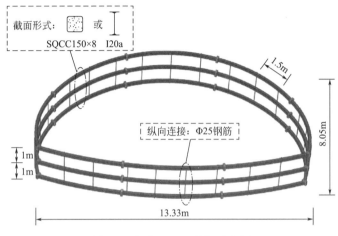

图 4-3 组合 SQCC 拱架示意图

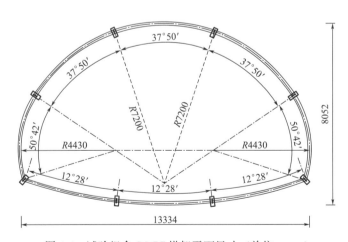

图 4-4 试验组合 SQCC 拱架平面尺寸（单位：mm）

2. 数值试验方案

利用有限元软件建立 SQCC 和组合工字钢拱架有限元模型，数值模型与室内试验试件尺寸一致。组合 SQCC 拱架模型中外部钢管与混凝土之间采用面—面接

89

触，接触面法向为硬接触，切向采用库仑摩擦模型。数值模型中钢管和混凝土均采用减缩积分格式的六面体单元，单元类型选取 C3D8R。钢材与混凝土材料的本构见本书 3.1.2 节内容。

4.2 试验结果

4.2.1 拱架变形破坏机制分析

1. 拱架破坏形式分析

为研究试验拱架的破坏形式，对比分析了不同类型拱架加载结束时的室内试验与数值试验变形形态，如图 4-5～图 4-10 所示。

（1）组合工字钢拱架变形破坏形态

由图 4-5 与图 4-6 分析可知：

组合工字钢拱架在拱顶出现明显的平面内弯曲，在拱腰出现严重的平面外弯扭。组合工字钢拱架整体呈现出"拱顶弯曲，拱腰弯扭，拱架变扁平"的变形形态，变形破坏严重。

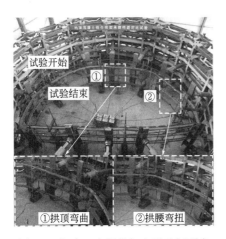

图 4-5　组合工字钢拱架变形破坏形态

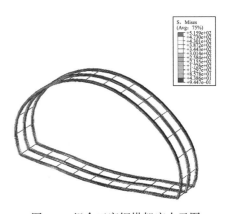

图 4-6　组合工字钢拱架应力云图

（2）组合 SQCC 拱架变形破坏形态

由图 4-7 与图 4-8 分析可知：

组合 SQCC 拱架在上榀拱架的拱腰位置出现轻微的平面外弯扭，整体未出现较大变形，仅在下榀拱架的拱底节点处出现焊缝撕裂，拱架以平面内变形为主，整体呈现出"拱顶、拱底向内收敛，拱架变扁平"的变形形态。

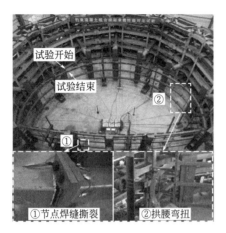

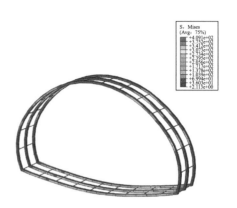

图 4-7 组合 SQCC 拱架变形破坏形态 · · · · · 图 4-8 组合 SQCC 拱架应力云图

（3）单榀 SQCC 拱架变形破坏形态

由图 4-9 与图 4-10 分析可知：

单榀 SQCC 拱架在右侧拱底节点出现明显的向内变形，在拱顶发生平面内弯曲，拱架在左右两侧的拱腰出现平面外的外凸，该位置的平面外位移较大，整体呈现出"拱顶、拱底向内收敛，拱架平面内变扁平，平面外变弯曲"的变形形态。

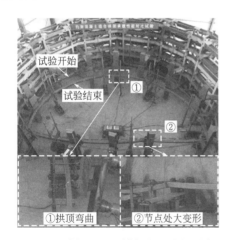

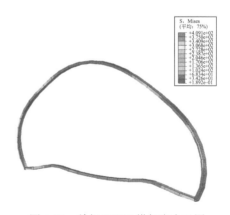

图 4-9 单榀 SQCC 拱架变形破坏形态 · · · · 图 4-10 单榀 SQCC 拱架应力云图

综上所述，组合工字钢拱架的破坏形式为失稳变形，整体变形破坏严重。组合 SQCC 拱架的破坏形式为节点处焊缝撕裂，整体未出现较大的变形。单榀 SQCC 拱架的破坏形式为节点处出现大变形，整体变形较为明显。

2. 拱架变形机制对比分析

为研究拱架的变形机制，绘制了试验结束时拱架关键位置平面内和平面外位移分布对比图（图 4-11、图 4-12）。平面内位移向内为正，向外为负；平面外位移向上为正，向下为负。试验采用对称加载的方式，根据对称原则取左半侧拱架的拱顶、拱肩、拱腰、拱底等关键位置（M_1、M_{15}、M_{13}、M_{11}、M_9）的变形进行对比分析。

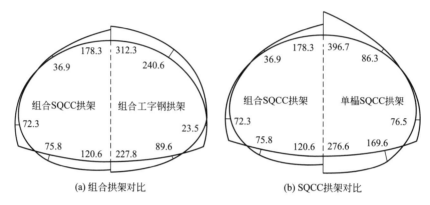

(a) 组合拱架对比　　　　　　　　　(b) SQCC拱架对比

图 4-11　拱架关键位置平面内位移分布对比图（单位：mm）

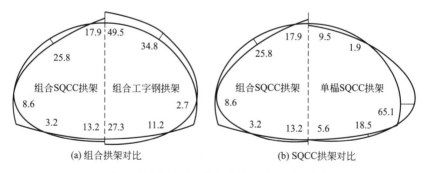

(a) 组合拱架对比　　　　　　　　　(b) SQCC拱架对比

图 4-12　拱架关键位置平面外位移分布对比图（单位：mm）

由图 4-11 与图 4-12 分析可知：

（1）组合工字钢拱架、组合 SQCC 拱架与单榀 SQCC 拱架的平均平面内位移分别为 178.8mm、96.8mm 和 201.1mm，最大平面内位移均出现在拱顶位置（M_1），分别为 312.3mm、178.3mm 和 396.7mm。

（2）组合工字钢拱架、组合 SQCC 拱架与单榀 SQCC 拱架的平均平面外位移分别为 25.1mm、13.7mm 和 20.1mm，两类组合拱架最大平面外位移出现在拱顶，单榀拱架出现在拱腰，最大平面外位移分别为 49.5mm、25.8mm 和 65.1mm。

（3）组合 SQCC 拱架平均和最大平面内位移分别是组合工字钢拱架的 54.1%和 57.1%，平均和最大平面外位移分别是组合工字钢拱架的 54.6%和 36.2%。与工字钢拱架相比，SQCC 拱架具有更好的平面内和平面外稳定性。

（4）组合 SQCC 拱架平均和最大平面内位移分别是单榀 SQCC 拱架的 48.1%和 52.1%，平均和最大平面外位移分别是单榀 SQCC 拱架的 68.2%和 39.6%，SQCC 拱架之间的协同承载作用大幅提高了拱架的平面内和平面外稳定性。

4.2.2 拱架力学性能对比分析

1. 拱架承载机制对比分析

三类拱架拱顶的平面内位移最大，是拱架变形的典型位置，通过拱架总荷载—拱顶平面内位移曲线（图 4-13），对试验拱架的承载机制进行分析。该曲线拱顶平面内位移为位移传感器的监测数据，总荷载为各油缸荷载的总和，各油缸荷载通过传感器监测。不同类型拱架极限承载力的室内与数值试验结果如图 4-14 所示。

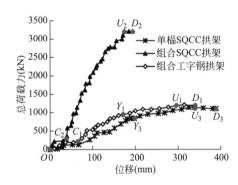

图 4-13　拱架总荷载—拱顶平面
内位移曲线

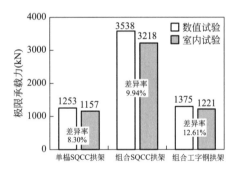

图 4-14　不同类型拱架极限承载力的
室内与数值试验结果

由图 4-13 与图 4-14 分析可知：

（1）组合工字钢拱架经历了四个变形阶段，包括变形协调阶段、弹性变形阶段、非线性变形阶段、变形破坏阶段。

① 变形协调阶段（OC_1）：在加载初期，拱架拱顶位移发展较快，荷载增加较慢，此阶段结束时，拱架通过局部变形实现协同承载。

② 弹性变形阶段（C_1Y_1）：随着荷载增加，拱架共同承担油缸施加的荷载，总荷载与拱顶平面内位移近似呈现线性关系，显示出弹性变形特征。

③ 非线性变形阶段（Y_1U_1）：随着荷载继续增加，拱架拱顶位移快速增加，

总荷载与拱顶平面内位移曲线斜率逐渐减小，呈现非线性关系。拱架承受的荷载缓慢增加至曲线最高点 U_1 处，达到其极限承载力。

④ 变形破坏阶段（U_1D_1）：拱架达到极限承载力后，拱顶位移继续增加，拱架承载能力下降，直至试验结束。

（2）组合 SQCC 拱架经历了三个变形阶段，包括变形协调阶段、弹性变形阶段、变形破坏阶段。

① 变形协调阶段（OC_2）：与组合工字钢拱架相比，由于 SQCC 拱架具有较高刚度，在此阶段通过少量的局部变形即可快速实现拱架之间的协同承载。

② 弹性变形阶段（C_2U_2）：该类拱架总荷载—拱顶平面内位移的斜率明显高于组合工字钢拱架平面内位移的斜率，少量的平面内位移，对应了所承受荷载的快速增加。

③ 变形破坏阶段（U_2D_2）：由于节点处焊缝撕裂，拱顶位移突然增加，总荷载基本不变，试验加载结束，拱架未进入非线性变形阶段。

（3）单榀 SQCC 拱架经历了三个变形阶段，包括弹性变形阶段（OY_3）、非线性变形阶段（Y_3U_3）和变形破坏阶段（U_3D_3）。单榀拱架节点处发生大变形，出现向内弯折的现象，拱架整体变形较为明显，试验加载结束。

（4）将弹性变形阶段总荷载与拱顶位移的比值定义为拱架的刚度，组合工字钢拱架的刚度和承载力分别为 7.5kN/mm 和 1221.3kN，单榀 SQCC 拱架的刚度和承载力分别为 4.5kN/mm 和 1157.2kN。组合 SQCC 拱架的刚度和承载力分别为 18.8kN/mm 和 3217.5kN，分别是组合工字钢拱架的 2.51 倍和 2.63 倍，分别是单榀 SQCC 拱架的 4.18 倍和 2.78 倍。

（5）组合拱架数值模拟与室内试验得到的荷载—变形曲线的变化趋势基本一致，组合工字钢拱架承载力的室内与数值试验结果的差异率为 12.61%，单榀与组合 SQCC 拱架承载力的室内与数值试验结果的差异率分别为 8.30% 与 9.94%，验证了数值模型的合理性和正确性。

2. 拱架受力性能对比分析

为研究拱架的受力性能，绘制了总荷载—环向应力曲线（M_1、M_9、M_{11}、M_{13}、M_{15}）（图 4-15），环向应力受拉为正，受压为负。同时，绘制了试验结束时关键位置环向应力分布对比图（图 4-16）。为定量评价拱架钢材性能的发挥情况，以钢材的环向应力与其屈服强度的比值作为关键位置拱架钢材的强度使用率，图 4-16 中上方数字表示监测点环向应力，下方括号内数字表示钢材的强度使用率。

结合图 4-15 与图 4-16 分析可知：

（1）组合工字钢拱架在加载初期，环向应力呈现持续增长的趋势。在总荷载达到 1100kN 后，由于拱架多处失稳变形，拱架环向应力增长速度加快。在拱架

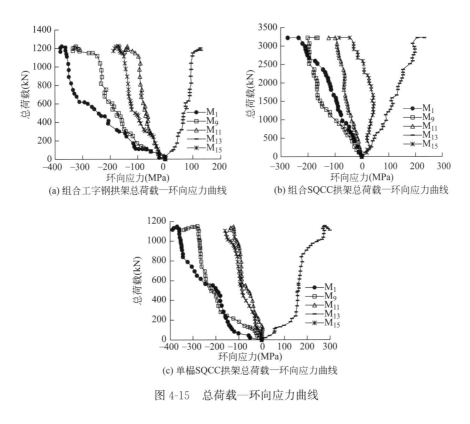

(a) 组合工字钢拱架总荷载—环向应力曲线

(b) 组合SQCC拱架总荷载—环向应力曲线

(c) 单榀SQCC拱架总荷载—环向应力曲线

图 4-15　总荷载—环向应力曲线

(a) 组合拱架对比

(b) SQCC拱架对比

图 4-16　试验结束时关键位置环向应力分布对比图（单位：MPa）

达到极限荷载后，拱架环向应力继续增加，但拱架承载力下降，直至试验结束。拱顶位置的环向应力值最大，达到 379.5MPa（压应力），超过了钢材的屈服强度，该位置强度使用率为 110.0%，钢材进入塑性阶段。

（2）组合 SQCC 拱架在加载初期，环向应力呈增长趋势。当总荷载达到 3217.5kN 时，由于节点处焊缝撕裂，导致拱底的环向应力突然降低，而其他位置的环向应力突然增加。该类拱架的平均环向应力为 176.2MPa，平均强度使用率为 51.1%。各关键位置的环向应力均小于 345MPa，钢材处于弹性阶段。拱顶的环向应力最大，为275.2MPa（压应力），该位置强度使用率为79.8%。组合SQCC拱架因节点处焊缝撕裂导致试验加载结束，其承载性能未完全发挥。

（3）单榀SQCC拱架在加载初期，环向应力呈增长趋势。在拱架达到极限荷载后，各关键位置的应力继续增长，拱架的承载力下降，直至试验结束。该类拱架的平均环向应力为274.5MPa，平均强度使用率为79.6%。最大环向应力出现在拱顶位置，最大值为395.6MPa（压应力），该位置强度使用率为114.7%，钢材进入了塑性阶段。

（4）三类试验拱架在均压加载下，呈现出拱顶、拱底外侧受压，拱腰外侧受拉的受力特性，拱顶向内变形，应力的增长速率较快，拱腰位置有向外变形的趋势，易发生平面外失稳，因此，拱顶和拱腰为拱架的关键受力位置。

4.3　承载性能影响机制

在组合约束混凝土拱架承载机制的研究基础上，结合数值分析方法建立组合拱架数值模型，分析偏压系数、钢管壁厚、混凝土强度等级、拱架间距与纵向连接环距等因素对组合约束混凝土拱架承载力的影响机制。

4.3.1　试验方案

为了研究组合SQCC拱架承载能力影响机制，本节进行不同偏压系数、钢管壁厚、混凝土强度、拱架间距以及纵向连接环距条件下的数值试验，对应方案编号为A～E，各方案的材料属性以及不变量参数均与4.2节室内试验方案参数一致，试验方案见表4-2。以方案A_i为例，$i=1\sim5$分别对应偏压系数为0.75、1.0、1.25、1.5与1.75的五种方案，当偏压系数为变量时，其他拱架参数均与室内试验一致。

不同因素影响下拱架承载能力数值试验方案　　表4-2

A 类	A_1	A_2	A_3	A_4	A_5
偏压系数	0.75	1.0	1.25	1.5	1.75
B 类	B_1	B_2	B_3	B_4	B_5
钢管壁厚	7mm	8mm	9mm	10mm	11mm
C 类	C_1	C_2	C_3	C_4	C_5
混凝土强度等级	C20	C30	C40	C50	C60
D 类	D_1	D_2	D_3	D_4	D_5
拱架间距	0.6m	0.8m	1.0m	1.2m	1.4m
E 类	E_1	E_2	E_3	E_4	E_5
纵向连接环距	0.5m	1.0m	1.5m	2.0m	2.5m

4.3.2　试验结果分析

定义拱架承载力提高率 $w=\Delta F_S/F_1$，ΔF_S 为组合 SQCC 拱架承载力与组合工字钢拱架承载力的差值，F_1 为组合工字钢拱架数值试验极限承载力。

1. 偏压系数影响规律

对组合工字钢拱架与不同偏压系数作用下的组合 SQCC 拱架极限承载力进行统计，见表 4-3，其中，"I"方案代表组合工字钢拱架承载力的数值计算结果。

不同偏压系数作用的组合拱架承载力　　　　表 4-3

方案编号	偏压系数 λ	极限承载力（kN）	提高率
I	1	1375.0	—
A_1	0.75	7220.1	425.1%
A_2	1	3538.2	157.3%
A_3	1.25	2574.2	87.2%
A_4	1.5	2097.4	52.5%
A_5	1.75	1828.0	32.9%

注：偏压系数 λ 为拱架平面内竖向荷载与水平荷载的比值。

由表 4-3 分析可知：

（1）在偏压系数 λ＝0.75～1.75 的条件下，组合 SQCC 拱架极限承载力随着偏压系数 λ 的增大而减小，是工字钢拱架的 1.33～5.25 倍。

（2）相比均压作用下的组合 SQCC 拱架（方案 A_2），当 λ＝0.75 时，水平荷载较大，拱架极限承载力提高了 104.1%；λ＝1.25～1.75 时，竖向荷载较大，拱架极限承载力降低了 27.2%～48.3%，说明偏压系数对其影响较大，当水平荷载大于竖向荷载时，拱架极限承载力有大幅度的提升。

2. 钢管壁厚影响规律

对组合工字钢拱架与不同钢管壁厚的组合 SQCC 拱架极限承载力进行统计，见表 4-4，其中，"I"方案代表组合工字钢拱架承载力的数值计算结果。

不同钢管壁厚的组合拱架承载力　　　　表 4-4

方案编号	钢管壁厚（mm）	极限承载力（kN）	提高率
I	—	1375.0	—
B_1	7	2689.4	95.6%
B_2	8	3538.2	157.3%

续表

方案编号	钢管壁厚(mm)	极限承载力(kN)	提高率
B_3	9	4623.7	236.3%
B_4	10	5661.9	311.8%
B_5	11	6448.2	369.0%

由表4-4分析可知：

（1）方钢截面边长不变，壁厚为7~11mm时，组合SQCC拱架极限承载力随钢管壁厚的增加而增大，是工字钢拱架的1.96~4.69倍。

（2）钢管壁厚为11mm的组合SQCC拱架极限承载力比钢管壁厚为7mm组合SQCC拱架的极限承载力提高了139.8%，表明钢管壁厚对SQCC拱架极限承载力影响显著。

3. 混凝土强度等级影响规律

对组合工字钢拱架与不同混凝土强度等级的组合SQCC拱架极限承载力进行统计，见表4-5，其中，"I"方案代表组合工字钢拱架承载力的数值计算结果。

不同混凝土强度的组合拱架承载力 表4-5

方案编号	混凝土强度等级	极限承载力(kN)	提高率
I	—	1375.0	—
C_1	C20	3257.2	136.9%
C_2	C30	3340.5	142.9%
C_3	C40	3538.2	157.3%
C_4	C50	3680.2	167.7%
C_5	C60	3850.0	180.0%

由表4-5分析可知：

（1）混凝土强度等级为C20~C60时，组合SQCC拱架极限承载力随着混凝土强度等级的提高而增大，是工字钢拱架的2.37~2.80倍。

（2）混凝土强度等级为C60的组合SQCC拱架，比采用C20组合SQCC拱架的极限承载力提高了18.2%，说明混凝土强度等级对拱架极限承载力的影响较小。

4. 拱架间距影响规律

对组合工字钢拱架与不同拱架间距的组合SQCC拱架的极限承载力进行统计，见表4-6，其中，"I"方案代表组合工字钢拱架承载力的数值计算结果。

不同拱架间距的组合拱架承载力

不同拱架间距的组合拱架承载力 表4-6

方案编号	拱架间距(m)	极限承载力(kN)	提高率
I	1.0	1375.0	—
D₁	0.6	3617.1	163.1%
D₂	0.8	3552.2	158.3%
D₃	1.0	3538.2	157.3%
D₄	1.2	3496.9	152.4%
D₅	1.4	3391.7	146.7%

由表4-6分析可知：

（1）拱架间距为0.6～1.4m时，组合SQCC拱架极限承载力随着拱架间距的增加而减小，是工字钢拱架的2.47～2.63倍。

（2）间距采用1.4m的组合SQCC拱架，相比采用0.6m组合SQCC拱架的极限承载力降低了6.2%，说明拱架间距对拱架承载力影响较小。

5. 纵向连接环距影响规律

对组合工字钢拱架与不同纵向连接环距的组合SQCC拱架极限承载力进行统计，见表4-7，其中，"I"方案代表组合工字钢拱架承载力的数值计算结果。

不同纵向连接环距的组合拱架承载力 表4-7

方案编号	纵向连接环距(m)	极限承载力(kN)	提高率
I	1.0	1375.0	—
E₁	0.5	5425.9	294.6%
E₂	1.0	4458.7	224.3%
E₃	1.5	3538.2	157.3%
E₄	2.0	3066.8	123.0%
E₅	2.5	2830.9	105.9%

由表4-7分析可知：

（1）纵向连接环距为0.5～2.5m时，组合SQCC拱架的极限承载力随着纵向连接环距的增加而减小，是工字钢拱架的2.06～3.95倍。

（2）纵向连接环距采用0.5m的组合SQCC拱架，相比采用2.5m组合SQCC拱架的极限承载力提高了91.7%，说明随着纵向连接环距的减小，组合SQCC拱架平面外稳定性增强，极限承载力大幅提高。

4.4　本章小结

（1）研发了地下工程组合约束混凝土拱架力学试验系统，开展了组合工字钢拱架、组合 SQCC 拱架与单榀 SQCC 拱架的承载性能对比试验，明确了各类拱架的变形破坏特征、极限承载力与空间组合效应。

（2）组合工字钢拱架多处发生失稳变形，整体变形破坏严重，组合 SQCC 拱架除节点处焊缝撕裂外，整体未出现较大的变形，其平均平面内与平面外位移分别是组合工字钢拱架的 54.1％ 和 54.6％，约束混凝土拱架具有更高的稳定性。

（3）单榀 SQCC 拱架在拱腰位置出现平面外失稳，而组合约束混凝土拱架以平面内变形为主，其平均平面内与平面外位移分别是单榀 SQCC 拱架的 48.1％ 和 68.2％，拱架之间的协同承载作用有效提高了 SQCC 拱架的稳定性。

（4）组合 SQCC 拱架的刚度和承载力分别是组合工字钢拱架的 2.51 倍和 2.63 倍，是单榀 SQCC 拱架的 4.18 倍和 2.78 倍，组合 SQCC 拱架具有更高的稳定性能和承载能力。

（5）通过数值模拟开展了组合拱架承载力的影响机制研究：偏压系数、钢管壁厚与纵向连接环距对组合 SQCC 拱架承载力影响显著，拱架间距影响次之，核心混凝土强度影响最小；采用加密纵向连接与增加壁厚方式的 SQCC 拱架承载力可达到工字钢拱架的 4.69 倍以上。

5 约束混凝土支顶护帮结构力学特性

本章利用约束混凝土支顶护帮力学试验系统，开展不同偏心距、不同截面形式下的支顶护帮结构力学试验，明确其变形破坏模式与承载特性，得到截面参数与材料强度对约束混凝土支顶护帮结构承载性能的影响机制。

5.1 试验概况

以现场常用的工字钢与 U 型钢作为对比对象，开展轻型约束混凝土（以下简称 CLC）支护结构室内试验，分析约束混凝土支顶护帮结构的变形破坏特征与承载性能。

5.1.1 试件参数

选择现场常用支护结构的 U29 与 I12 型钢作为对比对象，研究 CLC 试件的承载性能，按照与 U29 型钢含钢量一致的原则，圆形 CLC 试件（以下简称 CCLC 试件）截面选用直径为 159mm，壁厚为 8mm 的钢管，方形 CLC 试件（以下简称 SQCLC 试件）选用边长为 160mm，壁厚为 6mm 的钢管。CLC 试件内部充填轻骨料混凝土。试件高度设计为 1200mm，在试件顶底部焊接端板及加劲肋，确保试件加载时的稳定性。

CLC 试件外部约束钢材的强度等级选用 Q345，内部充填的 LC40 轻骨料混凝土采用 P·O42.5 水泥，粗骨料取粒径大小为 5～20mm 的 800 级页岩陶粒，配合比为水泥：细砂：页岩陶粒：水：减水剂＝1：1.71：1.03：0.4：0.02，重度为 1900kg/m³。

5.1.2 试验方案

1. 室内试验方案

现场支顶护帮结构受到来自竖向顶板与侧向垮落岩体的荷载，处于偏压受力状态。因此，室内试验采用刀口铰对试件进行偏压加载，偏心距设计为 40mm、80mm、120mm，研究不同偏心距对 CLC 试件承载性能的影响。采用分级保压的加载模式，在达到预计极限荷载的 80% 之前，按照 0.3kN/s 的速率加载，每

级荷载为极限荷载的 1/10，每级荷载保压 2min。在荷载达到极限荷载的 80%
后，按照 0.2kN/s 的速率加载，直到试件出现局部失稳或出现明显变形破坏时，
试验结束。在试件的 1/4、1/2 与 3/4 高度处布置位移传感器、环向与纵向应变
传感器，同时监测顶部油缸的轴力与试件顶部变形量。试验系统与试件测点布置
如图 5-1 所示。

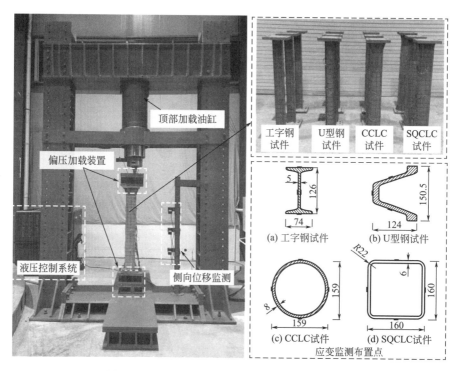

图 5-1　试验系统与试件测点布置（单位：mm）

2. 数值试验方案

数值模型与室内试验试件尺寸一致。对模型采用线荷载加载，加载线与试件
端部形心的距离按照室内试验偏心距设计。对模型一端加载线施加固定约束，另
一端的加载线约束水平方向的位移，在竖直方向进行位移加载。钢管和混凝土均
采用减缩积分格式的六面体单元，单元类型选取 C3D8R。外部钢管与混凝土之
间采用面—面接触，接触面法向为硬接触，切向采用库仑摩擦模型。外部钢管与
上下端板之间采用绑定约束。钢管和混凝土的材料本构见 3.1.2 节所述，轻骨料
混凝土本构关系选取塑性损伤模型，应力—应变关系模型采用参考文献［128］
提出的公式。

5.2 试验结果

5.2.1 变形模式分析

对于偏心距为 40mm 的试件，在加载初期，试件中部的截面侧向未出现明显挠曲变形，试件处于线弹性阶段。随着荷载的增加，试件中部的挠曲变形逐渐增大，在达到极限承载力后，试件的变形速度增大，当试件发生钢管撕裂或局部鼓曲后停止加载。

方形 CLC 试件中部的直角区域出现钢材撕裂，发生材料的强度破坏，如图 5-2（a）所示。圆形 CLC 试件出现整体弯曲失稳，如图 5-2（b）所示。U 型钢试件由于截面不对称，出现弯扭屈曲失稳，呈现 S 形弯曲的破坏形态，如图 5-2（c）所示。工字钢试件受压侧两翼缘向内弯曲、受拉侧翼缘向外弯曲，破坏形式以翼缘处屈曲失稳为主，如图 5-2（d）所示。

 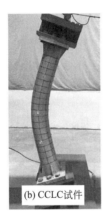  

(a) SQCLC试件　　(b) CCLC试件　　(c) U型钢试件　　(d) 工字钢试件

图 5-2　试件变形破坏现象

对于偏心距为 80mm 与 120mm 的试件，随着试验中偏心距的逐渐增加，除 U 型钢试件外，各类试件的变形破坏特征基本保持不变。U 型钢试件由于偏心距的增加，导致其变形形态由局部的弯扭屈曲失稳转变为整体弯曲失稳。

通过数值模拟得到偏心距为 40mm 的试件应力云图，如图 5-3 所示。

由图 5-3 分析可知：

各类试件的变形与室内试验试件的变形基本一致。在偏压受力状态下，SQCLC 试件受压侧的应力明显高于受拉侧应力，CCLC 试件受压侧与受拉侧的应力大小基本一致，在偏压受力状态下材料的力学性能能够充分发挥。U 型钢试

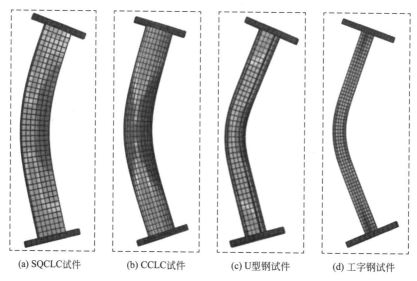

(a) SQCLC试件   (b) CCLC试件   (c) U型钢试件   (d) 工字钢试件

图 5-3   偏心距为 40mm 的试件应力云图

件的受力主要集中支腿处，且应力集中明显。工字钢试件受拉侧与受压侧的应力分布较为均匀，腹板位置的受力较小，材料的力学性能未充分发挥。

5.2.2 承载性能分析

（1）截面形状对 CLC 试件承载性能的影响

为分析轻型约束混凝土支顶护帮结构在偏压状态下的承载性能，以偏心距为 40mm 试件为例，绘制了各类试件的轴力—竖向变形曲线，如图 5-4（a）所示，试件轴向承载性能对比见图 5-4。

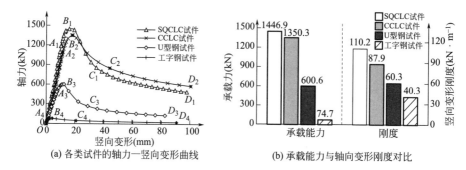

(a) 各类试件的轴力—竖向变形曲线   (b) 承载能力与轴向变形刚度对比

图 5-4   试件轴向承载性能对比

由图 5-4 结合试验现象分析可知：

试件的试验过程可分为线弹性阶段（OA_i）、弹塑性阶段（A_iB_i）、塑性发展阶段（B_iC_i）与破坏失效阶段（C_iD_i），$i=1\sim4$，分别表示 SQCLC、CCLC、U

型钢、工字钢四类试件，以偏心距为 40mm 的试件进行对比分析。

① 线弹性阶段（OA_i）：在加载初期，试件表面无明显变形，试件轴力与竖向变形基本呈线性关系。定义该阶段轴力与竖向变形之比为试件的竖向变形刚度，SQCLC、CCLC、U 型钢、工字钢四类试件的竖向变形刚度分别为 110.2kN/mm、87.9kN/mm、60.3kN/mm、40.3kN/mm。SQCLC 试件的竖向变形刚度是 U 型钢与工字钢试件的 1.8 倍与 2.7 倍；CCLC 试件的竖向变形刚度是 U 型钢与工字钢试件的 1.5 倍与 2.2 倍。表明 CLC 试件具有高刚的力学特性，在相同的顶板变形下能够提供更高的支护阻力，更有效地控制顶板变形。

② 弹塑性阶段（A_iB_i）：随着轴力的继续增加，轻骨料混凝土出现塑性变形，该阶段能够听到混凝土在钢管内部脆性破坏的声音。轴力—竖向变形曲线的斜率逐渐降低，在该阶段试件达到极限承载力（B_i 点），SQCLC、CCLC、U 型钢、工字钢四类试件的极限承载力分别为 1446.9kN、1350.3kN、600.6kN、74.7kN。SQCLC 试件的极限承载力分别是 U 型钢与工字钢试件的 2.4 倍与 19.4 倍；CCLC 试件的极限承载力是 U 型钢与工字钢试件的 2.2 倍与 18.1 倍。相比于现场常用支护试件，CLC 试件在承载性能方面具有明显优势，在相同含钢量的条件下，相比于 U 型钢试件提高 2.2 倍以上，能够更好地发挥 CLC 试件的钢混耦合力学性能。

③ 塑性发展阶段（B_iC_i）：在试件达到极限承载力后，试件在中部向一侧失稳变形，在试件关键位置外部约束材料的屈服区向内发展，承载力快速降低至 C_i 点。

④ 破坏失效阶段（C_iD_i）：该阶段试件跨中位置的变形较大，由于二阶效应，导致试件顶部的变形快速增加，在 D_i 点试件中部发生明显屈曲变形，试验结束。相比于 SQCLC 试件的后期承载力，CCLC 试件的后期承载力高于 SQCLC 试件。

通过数值模拟得到偏心距为 40mm 的各类试件轴力—竖向变形曲线，如图 5-5 所示。将数值模拟结果与室内试验结果对比，如图 5-6 所示，定义差异率为数值模拟结果与室内试验结果的差值，与室内试验结果的百分比。

由图 5-5 和图 5-6 分析可知：

数值模拟与室内试验得到的轴力—竖向变形曲线的变化趋势基本一致，数值模拟中 SQCLC 试件、CCLC 试件、U 型钢试件与工字钢试件的承载力与室内试验承载力的差异率分别为 -4.3%、-4.7%、3.9% 与 6.2%，差异率在 $\pm7\%$ 以内，验证了数值模拟结果与数值模型的正确性。

（2）偏心距对 CLC 试件承载性能的影响

为研究偏心距对 CLC 试件承载性能的影响，将不同偏心距试件的承载力与线弹性阶段竖向变形刚度汇总于图 5-7 中。偏心距对承载力的影响系数为 η_F，$\eta_F = \Delta N / \Delta e$，$\Delta N$ 为相邻偏心距 CLC 试件承载力的差值，Δe 为对应偏心距的差

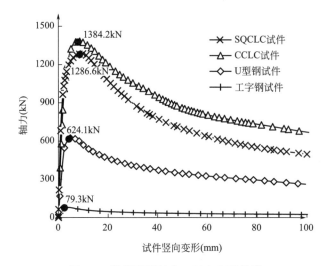

图 5-5 数值模拟轴力—竖向变形曲线

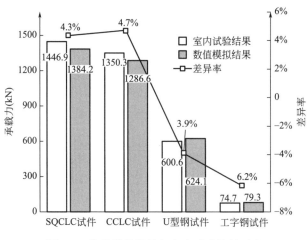

图 5-6 数值模拟结果与室内试验结果对比

值；偏心距对竖向变形刚度影响系数 η_G 的计算公式为 $\eta_G = \Delta R / \Delta e$，$\Delta R$ 为不同偏心距 CLC 试件竖向变形刚度的差值。CLC 试件承载力提高系数为 δ_i，$\delta_i = N_i / N_{\text{U-steel}}$，$N_i$ 为 CLC 试件承载力，i 代表 SQCLC、CCLC，$N_{\text{U-steel}}$ 为相同偏心距下 U 型钢试件的承载力；CLC 试件竖向变形刚度提高系数为 γ_i，$\gamma_i = R_i / R_{\text{U-steel}}$，$R_i$ 为 CLC 试件的竖向变形刚度，i 代表 SQCLC、CCLC，$R_{\text{U-steel}}$ 为相同偏心距下 U 型钢试件的竖向变形刚度。偏心距对试件承载力与竖向变形刚度的影响如图 5-8 所示。

由图 5-7、图 5-8 分析可知：

CLC 试件的承载力是相同偏心距下 U 型钢试件的 2.0 倍以上，竖向变形刚

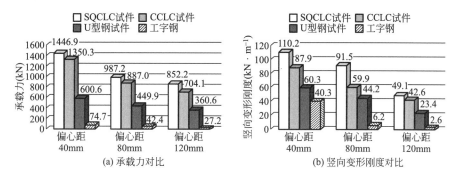

图 5-7 试件承载力与竖向变形刚度

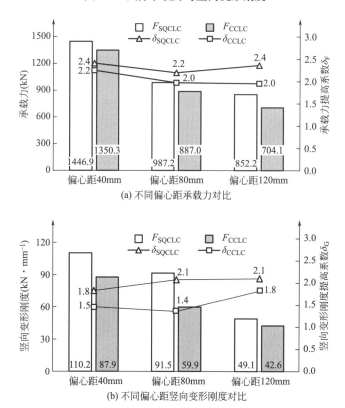

图 5-8 偏心距对试件承载力与竖向变形刚度的影响

度是相同偏心距下 U 型钢试件的 1.4 倍以上，在不同偏心距下均具有高强、高刚的特性，适合应用于控制切顶自成巷的顶板变形。对不同偏心距下的 CLC 试件承载性能进行对比分析：

① 在偏心距 40~80mm 内，偏心距对 SQCLC 与 CCLC 试件承载力的影响系数 η_F 为 11.5kN/mm 与 11.6kN/mm。偏心距对 SQCLC 与 CCLC 试件竖向变形

刚度的影响系数 η_G 为 0.5kN/mm² 与 0.7kN/mm²。在偏心距 40～80mm 内，偏心距对 SQCLC 与 CCLC 试件的承载力与竖向变形刚度的影响基本一致。

② 在偏心距 80～120mm 内，偏心距对 SQCLC 与 CCLC 试件承载力的影响系数 η_F 为 3.4kN/mm 与 4.6kN/mm，前者比后者降低了 26.1%，偏心距对 SQCLC 与 CCLC 试件竖向变形刚度的影响系数 η_G 分别为 1.1kN/mm 与 0.4kN/mm，前者是后者的 2.75 倍。相较于 SQCLC 试件，在偏心距 80～120mm 内，偏心距的增大对 CCLC 试件承载力的影响较大，但对 CCLC 试件的竖向变形刚度的影响较小。

5.2.3 侧向抗弯性能分析

为分析 CLC 试件的侧向抗弯性能，以偏心距为 40mm 试件为例，绘制了各类试件的竖向荷载—中截面侧向挠度曲线，如图 5-9（a）所示。定义侧向变形刚度为线弹性阶段竖向荷载与中截面侧向挠度之间的比值，侧向变形刚度对比见图 5-9（b）。

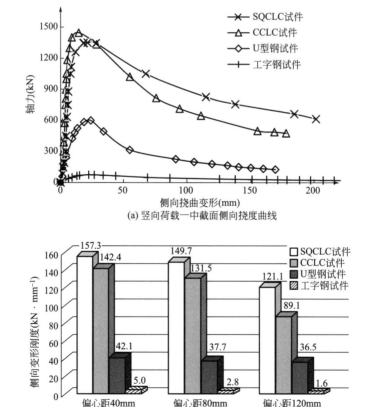

(a) 竖向荷载—中截面侧向挠度曲线

(b) 不同偏心距侧向变形刚度对比

图 5-9　各类试件的侧向抗弯性能对比

由图 5-9 分析可知：

试件中截面的侧向挠度曲线与图 5-4 中竖向变形曲线的变化规律基本一致，包括线弹性阶段、弹塑性阶段、塑性发展阶段与破坏失效阶段。试件的偏心距为 40mm、80mm 与 120mm 时，SQCLC 试件的侧向变形刚度为 157.3kN/mm、149.7kN/mm 与 121.1kN/mm，分别是 U 型钢试件与工字钢试件的 3.3 倍与 31.5 倍以上；CCLC 试件的侧向变形刚度为 142.4kN/mm、131.5kN/mm 与 89.1kN/mm，分别是 U 型钢试件与工字钢试件的 2.4 倍以上与 28.5 倍以上。试验结果表明：在不同偏心距下，SQCLC 试件与 CCLC 试件具有良好的抗弯承载性能，适合应用于采空区碎石巷道的围岩控制。

偏心距对侧向变形刚度影响系数 ξ_R 的计算公式为 $\xi_R = \Delta R'/\Delta e$，$\Delta R'$ 为不同偏心距 CLC 试件侧向变形刚度的差值。偏心距在 $40 \sim 80$mm 内，偏心距对 SQCLC 试件与 CCLC 试件侧向变形刚度的影响系数 ξ_R 为 0.19kN/mm 与 0.27kN/mm。偏心距在 $80 \sim 120$mm 内，偏心距对 SQCLC 试件与 CCLC 试件侧向变形刚度的影响系数 η_R 为 0.72kN/mm 与 1.06kN/mm。偏心距的增大对 CCLC 试件侧向变形刚度的影响较大。

5.2.4 约束效应分析

为分析外部钢管对混凝土的约束效应，以偏心距为 40mm 的试件为例，绘制 CLC 试件轴力—应变曲线，如图 5-10 所示。外部钢管环向与纵向应变之比可表征外部钢管对混凝土约束效应，环向与纵向应变之比越大，表明外部钢管对混凝土向内的约束力越强。对 CLC 试件线弹性阶段（OA_i）、弹塑性阶段（A_iB_i）环向与纵向应变之比的平均值作为平均应变比 $\bar{v}$。

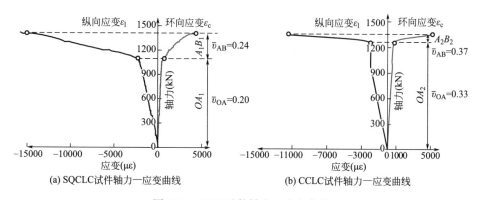

(a) SQCLC 试件轴力—应变曲线   (b) CCLC 试件轴力—应变曲线

图 5-10 CLC 试件轴力—应变曲线

由图 5-10 分析可知：

试件中截面受压侧的轴力—应变曲线与轴力—竖向变形在线弹性阶段、弹塑性阶段的变化趋势基本一致。在受压侧外部钢管的纵向压应变超过 $2000\mu\varepsilon$ 后，CLC 试件进入弹塑性阶段。

SQCLC 试件由线弹性阶段进入弹塑性阶段后承载力仍有明显的增长，平均应变比 $\bar{\upsilon}$ 由 0.20 提高至 0.24，在线弹性阶段钢材的平均应变比与混凝土相接近。CCLC 试件由线弹性阶段进入弹塑性阶段后快速变形达到极限承载力，平均应变比 $\bar{\upsilon}$ 由 0.33 提高至 0.37。CCLC 试件在线弹性阶段与弹塑性阶段的平均应变比分别是 SQCLC 试件的 1.7 倍与 1.5 倍，表明相比于 SQCLC 试件，CCLC 试件能够更有效地发挥外部钢管的约束作用，充分发挥外部钢管与混凝土的力学性能。

5.2.5 小结

（1）相比于 U 型钢试件，轻型约束混凝土试件的破坏模式呈整体弯曲失稳，随着试验中偏心距的逐渐增加，轻型约束混凝土试件的变形破坏特征基本保持不变。随着偏心距的增大，U 型钢试件的变形形态由局部的弯扭屈曲失稳转变为整体弯曲失稳。

（2）轻型约束混凝土试件与型钢试件的偏压试验过程可分为线弹性阶段、弹塑性阶段与破坏失效阶段。轻型约束混凝土试件的承载力、竖向变形刚度与侧向变形刚度是相同偏心距下 U 型钢试件的 2.0 倍、1.4 倍与 2.4 倍以上。轻型约束混凝土试件具有良好的承载能力与变形刚度，能够提供更高的支护阻力，有效抵抗围岩变形。

（3）圆形截面的轻型约束混凝土试件在线弹性阶段与弹塑性阶段的平均应变比分别是方形截面试件的 1.7 倍与 1.5 倍，与后者相比，前者能够更有效地发挥外部钢管的约束作用。

5.3 承载性能影响机制

本节结合有限元分析方法，建立约束混凝土支顶护帮结构数值模型，开展不同钢管壁厚、钢管强度、钢管外径和混凝土强度下的支顶护帮结构偏压加载试验，明确支顶护帮结构承载力影响机制。

5.3.1 试验方案

以 CCLC 试件与 SQCLC 试件为研究对象，采用控制变量法分析钢管壁厚、钢管强度、钢管外径以及混凝土强度等参数对轻型约束混凝土在偏心荷载下的承载力影响机制。数值试验方案如表 5-1 所示。

		数值试验方案		表 5-1

试件编号	影响因素	截面形式	变量参数	不变量
ST_1/CT_1	钢管壁厚	方形/圆形	4mm	钢管强度 混凝土强度 钢管外径
ST_2/CT_2			6mm	
ST_3/CT_3			8mm	
ST_4/CT_4			10mm	
ST_5/CT_5			12mm	
SS_1/CS_1	钢管强度	方形/圆形	Q235	钢管壁厚 混凝土强度 钢管外径
SS_2/CS_2			Q345	
SS_3/CS_3			Q390	
SS_4/CS_4			Q420	
SS_5/CS_5			Q460	
SB_1/CB_1	钢管外径	方形/圆形	120mm/114mm	钢管壁厚 钢管强度 混凝土强度
SB_2/CB_2			160mm/159mm	
SB_3/CB_3			200mm/219mm	
SB_4/CB_4			240mm/245mm	
SB_5/CB_5			280mm/273mm	
SC_1/CC_1	混凝土强度	方形/圆形	30MPa	钢管壁厚 钢管强度 钢管外径
SC_2/CC_2			35MPa	
SC_3/CC_3			40MPa	
SC_4/CC_4			45MPa	
SC_5/CC_5			50MPa	

5.3.2 承载性能影响机制分析

1. 钢管壁厚影响分析

图 5-11 与图 5-12 给出了不同钢管壁厚对 SQCLC 试件与 CCLC 试件承载力的影响。

当钢管壁厚为 4mm、6mm、8mm、10mm、12mm 时，SQCLC 试件承载力为 1112.7kN、1408.7kN、1678.2kN、1942.2kN、2187.1kN，6~12mm 的试件承载力相对 4mm 的增长率为 26.60%~96.56%。CCLC 试件承载力为 871.8kN、1087.0kN、1289.5kN、1475.8kN、1652.6kN，6~12mm 的试件承载力相对 4mm 的增长率为 24.68%~89.56%。随着钢管壁厚的增加，两种截面形式试件承载力均基本呈线性增大，钢管壁厚对轻型约束混凝土试件承载力影响显著。

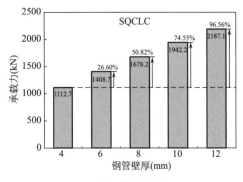 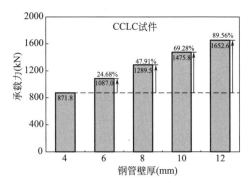

图 5-11　不同钢管壁厚对 SQCLC　　　图 5-12　不同钢管壁厚对 CCLC
　　　试件承载力的影响　　　　　　　　　试件承载力的影响

2. 钢管强度影响

图 5-13 与图 5-14 给出了不同钢管强度对 SQCLC 试件与 CCLC 试件承载力的影响。

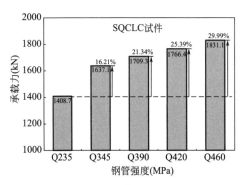 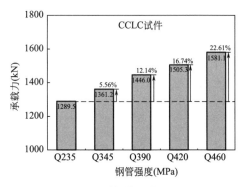

图 5-13　不同钢管强度对 SQCLC　　　图 5-14　不同钢管强度对 CCLC
　　　试件承载力的影响　　　　　　　　　试件承载力的影响

当钢管强度为 Q235、Q345、Q390、Q420、Q460 时，SQCLC 试件承载力分别为 1408.7kN、1637.1kN、1709.3kN、1766.4kN、1831.1kN，试件承载力增长率为 16.21%～29.99%；CCLC 试件承载力分别为 1289.5kN、1361.2kN、1446.0kN、1505.3kN、1581.1kN，试件承载力增长率为 5.56%～22.61%。

随着钢管强度的增加，两种截面形式试件承载力均基本呈线性增大，钢管强度对轻型约束混凝土试件承载力影响较显著。

3. 钢管外径影响

图 5-15 与图 5-16 给出了不同钢管外径对 SQCLC 试件与 CCLC 试件承载力的影响。

当钢管外径为 120mm、160mm、200mm、240mm、280mm 时，SQCLC 试

件承载力分别为897.6kN、1408.7kN、2009.0kN、2647.7kN、3353.9kN，试件承载力增长率为56.94%～273.65%。当钢管外径为114mm、159mm、219mm、245mm、273mm时，CCLC试件承载力分别为611.8kN、1289.5kN、1882.4kN、2354.0kN、2862.1kN，试件承载力增长率为110.77%～367.82%。随着钢管外径的增加，SQCLC试件与CCLC试件承载力基本呈线性增长，钢管外径对CLC试件承载力的影响显著。

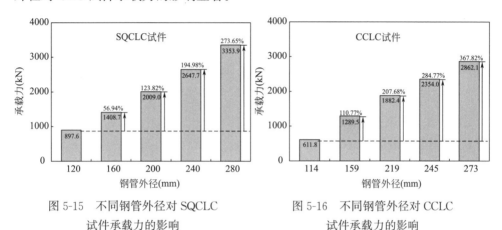

图 5-15 不同钢管外径对 SQCLC
试件承载力的影响

图 5-16 不同钢管外径对 CCLC
试件承载力的影响

4. 混凝土强度影响

图 5-17 与图 5-18 给出了不同混凝土强度对 SQCLC 试件与 CCLC 试件承载力的影响。

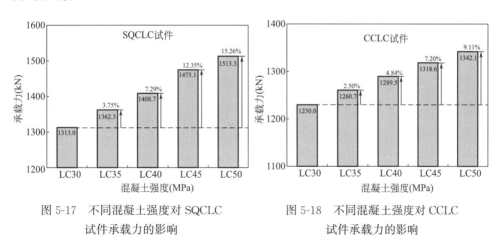

图 5-17 不同混凝土强度对 SQCLC
试件承载力的影响

图 5-18 不同混凝土强度对 CCLC
试件承载力的影响

当混凝土强度为 LC30、LC35、LC40、LC45、LC50 时，SQCLC 试件承载力分别为1313.0kN、1362.3kN、1408.7kN、1457.1kN、1513.3kN，试件承载力增长率为3.75%～15.26%；CCLC 试件承载力分别为1230.0kN、1260.7kN、

1289.5kN、1318.6kN、1342.1kN，试件承载力增长率为 2.50％～9.11％。随着轻型混凝土强度的增加，两种截面形式试件承载性能增长较小，轻型混凝土强度对轻型约束混凝土试件承载力影响较小。

综上所述，钢管外径与强度对约束混凝土支顶护帮结构的承载性能影响显著，核心混凝土强度的影响最小。在对约束混凝土支顶护帮结构进行支护设计时，建议选用现场常用型号的轻骨料混凝土，并通过增加钢管外径和提高钢管强度的形式提高支柱的承载性能。

5.4　本章小结

（1）在偏压荷载作用下，轻型约束混凝土试件的破坏模式呈整体弯曲失稳，随着试验中偏心距的逐渐增加，轻型约束混凝土试件的变形破坏特征基本保持不变。随着偏心距的增加，U 型钢试件变形形态由局部的弯扭屈曲失稳转变为整体弯曲失稳。

（2）轻型约束混凝土试件的承载力、竖向变形刚度与侧向变形刚度分别是相同偏心距下 U 型钢试件的 2.0 倍、1.4 倍与 2.4 倍以上，轻型约束混凝土试件具有良好的承载能力。圆形轻型约束混凝土试件的平均应变比是方形轻型约束混凝土试件的 1.5 倍以上，能够更有效地发挥外部钢管的约束作用。

（3）开展不同钢管壁厚、钢管强度、钢管外径、混凝土强度等参数对约束混凝土支顶护帮结构承载力的影响机制研究。其中，钢管外径对其承载力的影响最为显著，混凝土强度对其承载力的影响最小，在设计时可通过增加钢管外径的方式提高拱架的承载性能。

6 约束混凝土拱架智能施工方法

为解决复杂条件隧道拱架安装施工效率低、安全性差等问题，作者研发适应装配式拱架机械化智能施工装备及成套关键技术，开展拱架机械化施工过程力学试验与装配式节点抗弯性能力学试验，分析智能化施工过程中拱架的受力规律，形成成套智能化施工工法。

6.1 智能施工体系与装备

6.1.1 装配式拱架安装系列装备

1. 拱架智能安装机

作者自主研发的拱架智能安装机由承载平台、回转平台、动力臂、高自由度机械手组成，如图 6-1 所示。拱架智能安装机可负载 2t，回转平台可通过转盘360°旋转调节动力臂的方向。动力臂最大举升高度可达 13m，可实现 3 级伸缩。在动力臂端部安装机械手，机械手前端配备特定夹具，满足不同类型拱架的抓举要求。

图 6-1 拱架智能安装机

2. 辅助安装机

辅助安装机具有 30°爬坡能力，最大行走速度 4.5km/h。该装置配有伸缩臂及高自由度机械手，伸缩臂可满足侧向移动的要求，可配合拱架智能安装机辅助进行装配式拱架的安装，如图 6-2 所示。

图 6-2　辅助安装机

3. 人员操作台车

在拱架安装时，人员操作台车可为施工人员提供平台支撑，协助开展拱架施工工作。台车具有全自动伸展轮轴，有 40°的爬坡能力，可以在粗糙的路面作业，业内最佳水平延升 22.50m，转台 360°连续回转，平台 160°摆动，小臂 130°（+70°/−60°）变幅，如图 6-3 所示。

图 6-3　人员操作台车

4. 设备实施可行性分析

为测试设备参数与现场施工契合度，以全国最大断面高速公路八车道隧道群中的乐疃隧道为依托，对设备参数的合理性进行分析。乐疃隧道为典型的超大断面隧道，隧道拱架安装断面最大高度10.57m，最大跨度19.19m，拱架设计参数见图6-4。

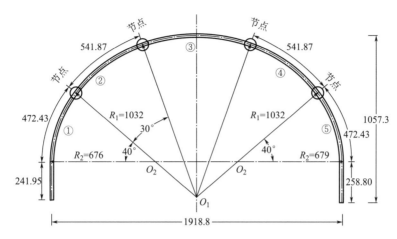

图6-4 拱架设计参数（单位：cm）

（1）拱架摆放

以三榀拱架安装为例，将拱架运输到掌子面附近时，第一榀拱架可摆放在掌子面前方1.4m处，其余两榀可摆放在距离掌子面10～20m处的隧道两侧，留出两台安装机的操作空间，如图6-5所示。

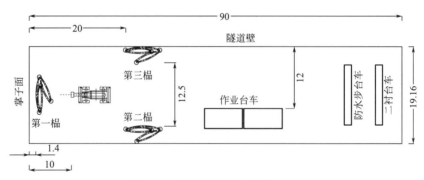

图6-5 现场摆放拱架（单位：m）

（2）安装机就位

主抓安装机机械手将折叠拱架左右两侧向两边展开，将最下端①和②节拱架水平放置，防止拱架举升时节点弯折。安装机前进至距离掌子面2.5m位置，伸出液压支腿进行安装机固定，如图6-6所示。

（3）拱架机械化安装

主抓安装机固定位置考虑现场情况确定，最远可距离拱架5m。以第三榀拱架为例，拱架安装机位置如图6-7所示。

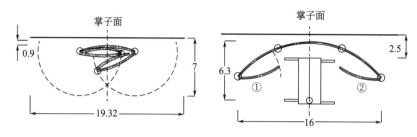

图 6-6 安装机就位（单位：m）

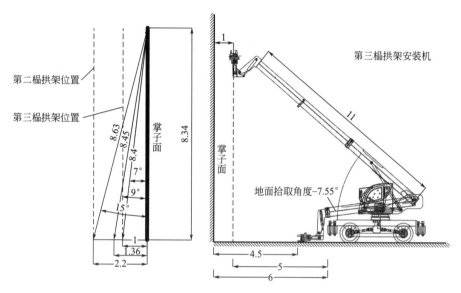

图 6-7 第三榀拱架安装机位置（单位：m）

综合考虑安装机抬升角度及伸长距离，初定安装机最优固定位置，即安装机距离掌子面最小距离为 3m，如图 6-8 所示，在此距离下，安装机施工效率高，配件损耗小，拱架安装方便。

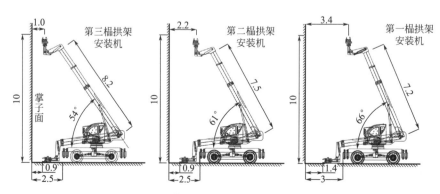

图 6-8 安装机最优固定位置（单位：m）

6.1.2 智能施工关键配套装置

1. 自动装配式节点

装配式约束混凝土拱架改变了以往拱架连接方式，不需要通过人力直接操作，而是创造性地利用自动装配的原理，将节点改造为装配式节点。在拱架施工时，只需机械拨动拱架即可完成节点安装。

2. 纵向定位连接装置

现场支护拱架之间通过纵向连接筋形成组合受力整体，结合现场实际工程概况，自主研发能够自动连接的纵向定位连接装置，它能够简化人工焊接连接筋及定位拱架等工序，配合智能化安装，实现拱架的精确定位。如图 6-9 所示，其由螺纹基座、连接杆、导向口组成。在智能化安装拱架过程中，通过微调机械手的位置及角度，使固定于拱架各部位的连接杆依次插入到前一榀拱架的导向口内并完成卡合固定。保持拱架恒定间距，实现一个循环拱架初期安装的精确定位，同时增加纵向连接钢筋能提高支护拱架的侧向稳定性。

图 6-9 纵向定位连接装置

3. 机械安装质量检查装置

（1）拱脚升降装置

拱架两拱脚为受力关键位置，如果基础不牢，则会造成拱架侵限。因此，为配合智能化施工，研发一种具有自动升降功能的拱脚升降装置，它能够人为调节整体拱架升降高度，具有牢固、灵活、循环的优点。主要由底座、油缸、万向球头及托板构成，万向球头最大转动角度 9.54°，最小高度 257mm，油缸行程 100mm，螺栓最大调节范围 90mm，由手动压杆进行油缸的升降，见图 6-10。

（2）激光测距定位装置

利用激光测距仪进行拱架形状复查，选取左拱脚最下端为测量基点，测量该点到各节点、各节拱架中心及拱顶的距离。通过与拱架设计图纸标准距离对比，判定拱架局部位置是否有"超欠"情况，并及时调整，见图 6-11。

图 6-10　拱脚升降装置

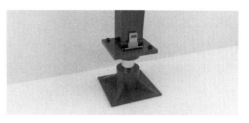

图 6-11　激光测距定位装置

（3）中心位置测定装置

利用激光水平仪，根据拱顶设置的中心点，配合拱顶激光定位装置，在掌子面确定拱架中心位置。实现拱架高程及拱顶中心精确定位，安装位置符合设计要求，具体见图 6-12。

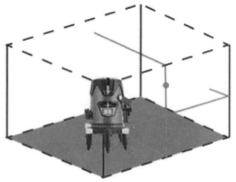

图 6-12　拱架中心位置确定

6.1.3　智能喷射举升组合装置

由于国内现有隧道施工装备功能较单一，现场每种施工工序需要单独设备进行施工，施工效率低，难以同时开展拱架支护安装与围岩分级探测工作。针对此类问题，提出了一种智能喷射举升组合装置。

智能喷射举升组合装置主要由拱架举升机构、供浆机构、探测装置（钻机）、可视化操控装置、自清理系统以及车体组成，如图 6-13 所示。其中，举升机构由第一液压缸、第二液压缸、举升臂、安装臂、回转盘、激光定位仪和夹具组成；供浆机构由浆液箱、喷射机、输浆管、喷嘴、声发射装置以及红外线激光仪组成；车体由车板、安装基座、回转平台、履带式行走机构、定位液压支柱组成。

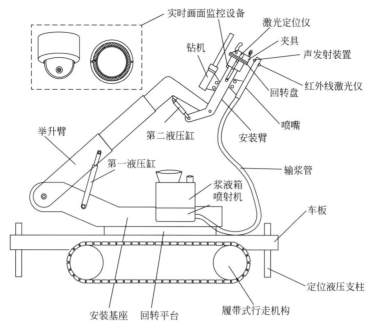

图 6-13　智能喷射举升组合装置

　　智能喷射举升组合装置可同时实现围岩的钻探分级、拱架的提升及隧道的喷射养护，一机多用，能够极大降低设备投资，提高施工效率。该装置的具体工作部件如下：

　　① 举升机构配有安装臂与举升臂。安装臂端通过回转盘连接夹具，夹具与拱架的形状匹配，能够夹持固定拱架。夹具与安装臂之间可安装回转电机，利用电机带动夹具转动。夹具上有激光定位仪，可发射红外线对准调平已打好的定位点，实现拱架的定位安装。

　　举升臂采用现有工程机械的液压伸缩臂，其具有多个可伸缩连接的伸缩部，位于最底部的伸缩部分别与安装基座、第一液压缸铰接，第一液压缸的另一端与安装基座铰接。举升臂的另一端与第二液压缸的一端铰接，第二液压缸的另一端与安装臂铰接，安装臂的中部位置与举升臂的端部转动连接。第一液压缸的活塞杆伸长或缩回，能够带动举升臂抬起或下降。第二液压缸活塞杆的伸长或缩回能够带动安装臂绕举升臂端部转动，进而带动安装臂的举升或下降。

　　② 供浆机构配有浆液箱用于盛装浆液，浆液箱顶部箱壁上设置有进料口和进水口，底部箱壁上设置有出浆口。出浆口与喷射机的进口通过管路连接，喷射机的出口与输浆管的端部连接，喷射机能够带动浆液箱内的浆液由浆液箱经输浆管送至喷嘴，并由喷嘴按照设定压力喷出，对隧道进行喷射养护。此外，喷嘴搭载有声发射装置与红外线激光仪，可分别进行喷浆后空腔检测与平整度检测。

③ 探测装置（钻机）安装在安装臂上方，可对围岩进行钻探。钻机钻进过程中产生的随钻参数能够通过无线传输装置传输给远程可视化操控平台安装的测试系统。随钻参数包括钻机的轴压、扭矩、转速、位移以及钻进速率等，测试系统反演得到岩体力学性能参数和破碎程度，从而进行围岩的分级。在钻孔完成后拆卸钻头，更换为探头进行窥视，且钻机搭载有地质雷达，可进行不良地质体探测，地质雷达通过无线传输与远程可视化操控平台连接。

④ 车体的车板在四角处设置有定位液压支柱，定位液压支柱能够同时向上下两个方向伸长，支撑到拱顶和拱底，实现车体的定位固定。车板上安装有回转平台，回转平台上固定有安装基座，安装基座一端与举升臂的一端铰接。

⑤ 可视化操控装置主要由实时画面监控设备和远程可视化操控平台组成，安装在安装臂上。实时画面监控设备与远程可视化操控平台连接，能够将实时采集的图像传输给远程可视化操控平台，使得施工人员能够对施工情况进行实时监控。实时画面监控设备安装有透明防护罩，可对探头进行遮挡防尘且不影响图像采集。行走机构、回转平台、第一液压缸、第二液压缸、喷射机、钻机等均与可视化远程操控平台连接，施工人员能够通过可视化远程操控平台控制其工作。

⑥ 自清理系统主要包括归位盒、清洁刮刀与清洁海绵。自清理系统安装在安装臂上，刮刀和清洗海绵均连接有一个转动电机。转动电机的输出轴与刮刀或清洗海绵连接，转动电机的电机壳与归位盒固定连接，实时画面监控设备安装在归位盒内，透明防护罩与归位盒固定连接。转动电机能够驱动海绵或刮刀转动，海绵和刮刀沿透明防护罩表面运动，进而对防护罩进行清理，保证拍摄图像的质量，清洁完成后，转动电机能够驱动海绵和刮刀收回至归位盒中，防止自清理系统被污染。

6.2 拱架智能举升力学机制

由于智能化施工与人工方式安装拱架有很大不同，约束混凝土拱架举升过程作为拱架现场机械安装的重要环节，其受力变形规律尚不明确，因此，开展约束混凝土拱架机械施工过程力学试验，明确施工过程中关键受力变形部位显得尤为必要。

6.2.1 施工过程力学模拟试验

1. 室内试验概况

（1）试验对象

基于乐疃隧道施工，对拱架施工过程进行模拟，采用智能化施工的方式将 5

节装配式方钢约束混凝土拱架一次性架设完成。拱架截面为正方形，边长为150mm，钢管壁厚为8mm，内部填充C40混凝土。拱架断面形状为三心圆，尺寸图如图6-14所示。

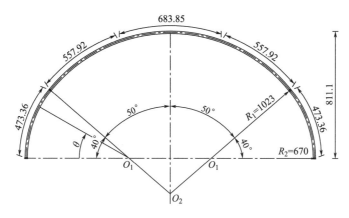

图6-14 拱架尺寸图（单位：cm）

（2）监测方案

采取应变监测及人工测量方式，对拱架施工过程中变形及受力进行实时监测，如图6-15所示。按照现场应用分节方式分Ⅰ、Ⅱ、Ⅲ、Ⅳ、Ⅴ共5节，由于拱架结构对称，变形监测及应力监测点只取拱架左半部分。

图6-15 实时监测

拱架监测点布置示意图如图6-16所示。其中，Ⅰ节3个监测点A、B、C（弧长AB、BC均为1586mm，C点距节点25mm）。Ⅱ节7个监测点D~J，Ⅲ节4个监测点K、L、M、N（各段弧长均为1310mm，其中J、K距节点25mm）。试验以拱架两拱脚中心位置O为基准点，定义Δ为拱架举升前后各测点长度变化量（拱架各测点未举升时的长度与举升后长度的差值）。以A点为例Δ=|OA′−OA|，其中，A′点为变形后A点的位置。通过对比分析举升前后各测点的长度变化量，明确拱架在机械举升过程中的关键变形部位。

应变测量点布置在Ⅲ节（点V、U、T），Ⅱ节（点S、R、Q、P），布设位

123

置与变形测量点一致。考虑拱架的对称性，取一半进行监测。每个测点在拱架上、下表面粘贴应变片，以 S 点为例：S_1 代表拱架上表面测点，S_2 代表拱架下表面测点。

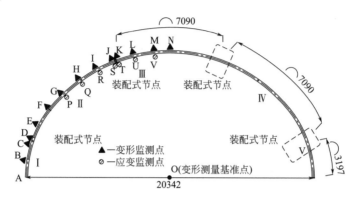

图 6-16　拱架监测点布置示意图（单位：mm）

2. 拱架数值模型

采用有限元软件建立装配式拱架数值模型，数值模型具体尺寸与室内试验参数一致，拱架截面形式为 SQCC150×8（截面边长 150mm，壁厚 8mm），混凝土为 C40，材料的本构关系见 3.1.2 节内容。

在对拱架举升过程进行模拟时，将拱架安装过程简化为拱架所在平面与地面呈一系列不同倾斜角度 θ_L，取 10°、20°、30°、40°、50°、60°、70°、80° 和 90°，对各倾斜角度下拱架不同截面位置 φ 的应力值进行计算，其中，φ 为 10°～90° 每间隔 10° 的取值。

$\theta_L=10°～80°$ 代表拱架安装过程，基于拱架安装机施工特点，数值模型中将拱顶截面钢管外圈表面进行位移约束，端部截面与地面接触的钢管内侧边同样进行位移约束。

$\theta_L=90°$ 代表拱架安装完成，数值模型中对拱脚截面进行位移约束。

3. 试验结果分析

（1）举升过程拱架变形特性分析

图 6-17 为拱架举升变形量曲线，图 6-18 为拱架举升最终变形量分布图（正差值在拱架轮廓线外侧，负差值在内侧）。

由图 6-17 与图 6-18 分析可知：

在约束混凝土拱架自重及机械施工双重影响下，各测点长度均发生不同程度的变形。拱脚 A 点至 I 点变形量呈线性减少，这是由于变形自上而下累加的结果。在肩部节点区下部，J、I 两点变形发生突变，表明该处应力集中，拱架变形较大。

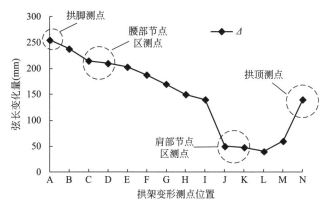

图 6-17　拱架举升变形量曲线

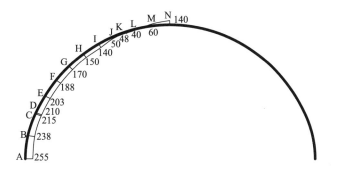

图 6-18　拱架举升最终变形量分布图（单位：mm）

（2）举升过程拱架受力特性分析

① 室内监测结果分析

在拱架举升过程中，拱架不同位置的应力监测结果如图 6-19 所示。

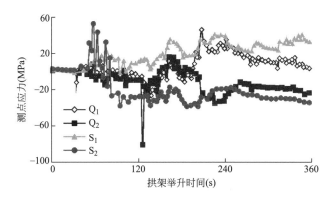

图 6-19　拱架不同位置的应力监测结果

由图 6-19 分析可知：0～360s 为拱架举升全过程，各点应力值出现波浪式持续增加。在举升至 240s 后，应力监测数据逐渐趋于稳定，各点应力均在拱架弹性范围内。由于机械举升时拱架突然触地或机械手与拱架发生滑脱导致个别时刻应力数值发生突跃式变化。

② 数值监测结果分析

将拱架举升过程中（$\theta_L = 10°～80°$）及拱架安装完成时（$\theta_L = 90°$）拱架各部位的应力进行汇总统计，如图 6-20、图 6-21 所示。

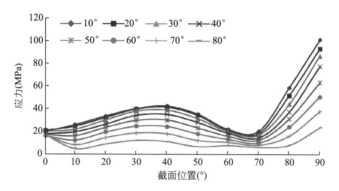

图 6-20 举升过程拱架应力规律（$\theta_L = 10°～80°$）

由图 6-20 可知，随着 θ_L 逐渐增大，拱架同一截面的应力值均逐渐减小，即 $\theta_L = 10°$ 为拱架举升过程中最不利倾斜角度。由图 6-21 可知，在拱架架设完成后，拱脚应力较为集中，最大应力值为 30.2MPa，其余位置应力值较小。

对拱架举升过程中最不利倾斜角度 $\theta_L = 10°$ 及架设完成后 $\theta_L = 90°$ 拱架各部位的应力曲线进行提取，绘制如图 6-22 所

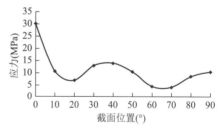

图 6-21 架设完成后拱架
应力规律（$\theta_L = 90°$）

示的沿拱架轮廓分布的应力曲线图，左侧为 $\theta_L = 10°$ 拱架应力分布（单位 MPa），右侧为 $\theta_L = 90°$ 拱架应力分布（单位 MPa）。

由图 6-22 分析可知：

在拱架举升过程中，对于最不利倾斜角度 $\theta_L = 10°$，拱顶 $\varphi = 90°$ 位置的应力最大，为 101.2MPa，$\varphi = 70°$ 附近位置的应力最小，自 $\varphi = 10°～70°$ 区域内应力变化较为平缓，$\varphi = 70°～90°$ 应力急剧增加。

在拱架举升过程中，拱架受到的最大应力值为钢材屈服强度的 43.1%，举升过程中拱架应力较大，需针对拱顶关键部位进行补强。

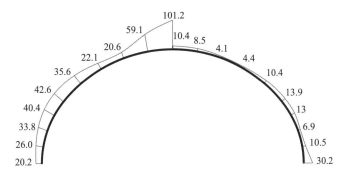

图 6-22　沿拱架轮廓分布的应力曲线图（左侧为 $\theta_L=10°$，右侧 $\theta_L=90°$时）

安装完成后，拱架最大应力值为安装过程中最大值的 29.8％。在保证拱架举升过程中不受破坏的条件下，安装完成后拱架可充分发挥其承载能力。

6.2.2　拱架关键部位补强机制

由室内试验及数值试验结果分析可知，拱架举升过程中拱顶应力最大，为防止应力集中导致拱架被破坏，可考虑对拱顶部位进行补强，降低举升过程中拱架应力。因此，采用夹板举升拱顶的方法，在拱架智能安装机的机械手上配置一定长度的夹板，在夹板外伸部分焊接挡块，如图 6-23 与图 6-24 所示。拱架一侧紧贴夹板，将拱架搭放在挡块上，机械手夹紧拱架的另一侧举升，增加拱顶托举面积。

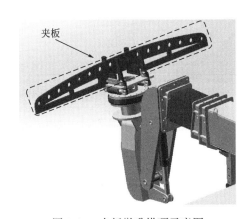

图 6-23　夹板举升拱顶示意图

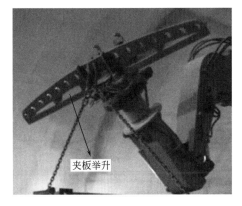

图 6-24　夹板举升拱顶实物图

对拱顶采用夹板举升，夹板长度为 2m。对夹板和机械手两种举升方式下拱架应力进行数值计算对比分析，夹板举升对拱架应力影响规律如图 6-25 所示。夹板举升拱架相比机械手举升的应力降低率为 η_s，其计算方法见公式（6-1）。

$$\eta_s = \frac{|S_k - S_x|}{S_x} \times 100\% \qquad (6\text{-}1)$$

式中，S_k 为夹板举升拱架各部位应力的最大值；S_x 为机械手举升拱架各部位应力的最大值。

由图 6-25 分析可知：

（1）相对于机械手直接举升，采用夹板举升，拱架各部位的应力值均有不同程度降低。

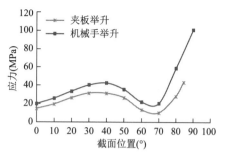

图 6-25　夹板举升对拱架应力影响规律

（2）采用夹板举升，拱架最大应力为 43.6MPa，相比机械手举升拱架的应力降低率为 56.9%，拱架所受应力明显降低。

（3）采用夹板举升，拱架所受最大应力仅为钢材屈服强度的 18.6%，有效地保证了拱架的承载能力。

6.2.3　截面选形对拱架力学机制的影响规律

为研究约束混凝土截面形状对举升过程中拱架应力及变形的影响规律，以指导约束混凝土拱架进行合理的截面选形。本节基于 SQCC150×8—C40（边长为150mm，壁厚为 8mm 的方钢，内部填充 C40 混凝土）截面形式，选取不同等级混凝土和钢管壁厚，通过数值模拟对不同影响因素在 $\theta_L = 10°$ 倾斜角度下拱架的应力值及变形量进行计算，并对计算结果进行统计分析。

定义混凝土等级变化和钢管壁厚变化对拱架应力及变形的影响率为 δ_φ 和 κ_φ，其计算方法见公式（6-2）。

$$\delta_\varphi = \frac{|P_i - P_j|}{P_j} \times 100\%, \quad \kappa_\varphi = \frac{|B_i - B_j|}{B_j} \times 100\% \qquad (6\text{-}2)$$

式中，下标字母 φ 为拱架任意截面位置；P 为拱架任意截面的应力值；B 为拱架任意截面的变形量；i、j 为不同混凝土强度等级或钢管壁厚参数。

1. 混凝土强度影响

选取钢管参数 150mm×8mm（边长×壁厚），研究不同强度等级混凝土对拱架应力及变形的影响规律，混凝土强度等级选取 C30、C40、C50、C60 及 C70。

由图 6-26 可知，混凝土强度等级的变化不改变拱架应力及变形的整体变化趋势，随着混凝土强度等级的升高，拱架各部位应力值和变形量逐渐减小。

分别将拱架应力及变形最大值的截面提取，如图 6-27 所示。其中，拱架应力在 $\varphi = 85°$ 处为最大值，混凝土强度等级对其影响率为：$\delta_{85°} = \dfrac{|P_{C30} - P_{C70}|}{P_{C30}} \times$

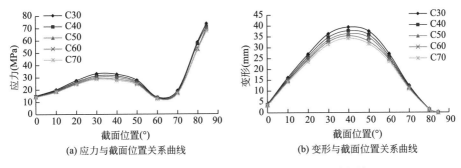

(a) 应力与截面位置关系曲线　　(b) 变形与截面位置关系曲线

图 6-26　混凝土强度等级对拱架应力及变形影响规律

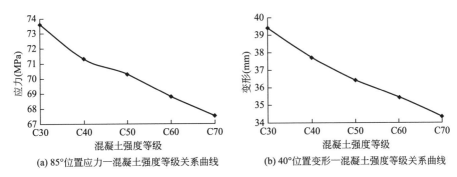

(a) 85°位置应力—混凝土强度等级关系曲线　　(b) 40°位置变形—混凝土强度等级关系曲线

图 6-27　最大应力及变形与混凝土强度等级关系曲线

$$100\% = \frac{|73.6-67.5|}{73.6} \times 100\% \approx 8.3\%；拱架变形在 \varphi=40° 位置处为最大值，$$

$$\delta_{40°} = \frac{|B_{C30}-B_{C70}|}{B_{C30}} \times 100\% = \frac{|39.4-34.3|}{39.4} \times 100\% \approx 12.9\%。改变混凝土强度$$

等级对拱架变形的影响更为显著。

2. 钢管壁厚影响

选取混凝土强度等级 C40，研究不同钢管壁厚对拱架应力及变形的影响规律，钢管壁厚选取 4mm、6mm、8mm、10mm 及 12mm。

通过图 6-28 可知，改变钢管壁厚不影响拱架应力及变形的整体变化趋势，钢管壁厚为 6mm 时拱架的应力及变形最大。

同样，分别对拱架应力值及变形量最大的 85°和 40°截面进行提取（如图 6-29 所示），计算得到钢管壁厚对拱架最大应力及变形的影响率分别为 $\kappa_{85°} = \frac{|P_{t=6}-P_{t=8}|}{P_{t=6}} \times 100\% = 25.8\%$，$\kappa_{40°} = \frac{|B_{t=6}-B_{t=8}|}{B_{t=6}} \times 100\% = 25.3\%$。其中，$t$ 代表钢管壁厚。从整体看，改变钢管壁厚对拱架应力和变形的影响程度大致相同，且影响规律一致。

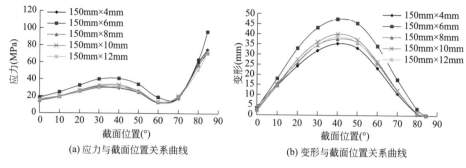

(a) 应力与截面位置关系曲线　　　(b) 变形与截面位置关系曲线

图 6-28　钢管壁厚对拱架应力及变形影响规律

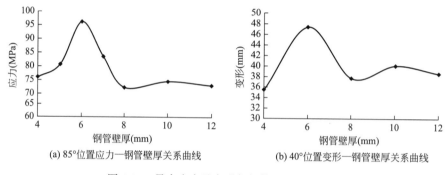

(a) 85°位置应力—钢管壁厚关系曲线　　　(b) 40°位置变形—钢管壁厚关系曲线

图 6-29　最大应力及变形与钢管壁厚关系曲线

当 $t>6$mm 时，拱架抗弯刚度及自重均增大，抗弯刚度的增加对拱架应力及变形的影响程度大于拱架自重；当 $t<6$mm 时，拱架抗弯刚度及自重均降低，拱架自重的降低对拱架应力及变形的影响程度大于抗弯刚度，拱架各部位的应力值和变形量最大。

3. 拱架截面选形

现场约束混凝土拱架截面选形需考虑现场地质条件、现场施工工况及经济性等因素，本节根据这些因素对拱架的截面选形进行讨论，为现场应用提供依据。

不同壁厚的钢材　　　　　　　　　　　　　　　　表 6-1

因素	数值				
壁厚(mm)	4	6	8	10	12
应力(MPa)	75.2	96.1	71.3	73.6	72.1
变形(mm)	35.4	47.4	37.7	40.1	38.6
重量(kg/m)	18.34	27.13	35.67	43.96	52.00

由表 6-1 可以看出，壁厚对拱架的应力、变形及重量影响较为显著，当壁厚为 8mm 时，拱架的应力和变形较小。当壁厚超过 10mm 时，拱架重量过重，现场施工不便，且成本较高。壁厚过薄，拱架的承载能力不能得到保证。因此，在钢管壁厚为 8mm 时拱架在强度、操作性及经济性上较为合适。

不同强度等级的混凝土 表 6-2

因素	数值				
强度等级	C30	C40	C50	C60	C70
应力（MPa）	73.6	71.3	70.3	68.8	67.5
变形（mm）	39.4	37.7	36.4	35.4	34.3

由表 6-2 可以看出，提高混凝土强度等级可降低拱架的应力值及变形量，但降低幅度不大。混凝土强度等级越高，混凝土越黏稠，向钢管内灌注混凝土越困难，施工操作性难度增加。

6.3 拱架节点承载机制

在地下工程支护过程中，拱架通常被分割成各个弧段，并通过节点相连，如图 6-30 所示。其中，机械化举升弧段通过装配式节点连接，其他弧段通过套管节点连接。节点区及其附近的拱架构件往往成为应力集中区域，易发生局部强度破坏，引发整体失效。因此，本节以套管节点与装配式节点为研究对象，分别开展四点弯曲试验和压弯试验，明确拱架节点抗弯承载特性。

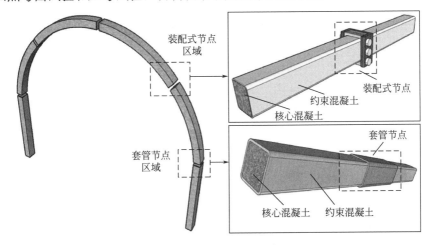

图 6-30 拱架节点形式

6.3.1 约束混凝土拱架节点承载理论

1. 套管节点承载理论分析

（1）套管节点构造

约束混凝土拱架中的套管连接节点是利用空钢管作为套管连接两节拱架的节点形式。通常由于套管壁厚 t、套管长度 l、套管与拱架之间的间隙 δ 等构造参数的不同，节点表现出不同的力学特性，如图 6-31 所示。

选取套管构件以及通过套管连接的两节方钢约束混凝土直杆件组成节点试件，进行该试件在弯矩 M 作用下的理论分析。

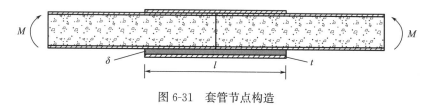

图 6-31　套管节点构造

（2）套管节点破坏模式及力学参数定义

定义：套管节点的转角 θ_J 是指套管节点临界转角，如图 6-32 所示。由于套管与杆件之间存在间隙，整体结构在弯矩作用之初为几何可变结构，约束混凝土杆件绕转动中心旋转一定角度 ω_0，将该角度定义为套管节点的临界转角，之后，由于套管的约束作用，节点具有了转动刚度，能够在两杆件之间传递弯矩，整个结构变为几何不变结构，此时节点转动量增长变缓。

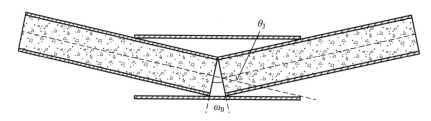

图 6-32　套管节点临界转角

随着节点试件所受弯矩增大，节点转角逐渐增大，直至转角达到 θ_y，结构薄弱截面发生屈服，随后节点进入屈服阶段，将 θ_y 定义为套管节点的屈服转角。现场应用情况表明，结构薄弱截面主要集中在两个位置：①套管两端边缘与方钢约束混凝土杆件连接的截面位置，如图 6-33（a）所示 x 处；②套管中点位置截面，如图 6-33（b）所示 y 处。由于套管构造参数的不同，两个薄弱截面至少有一处先进入屈服状态。根据初始屈服截面的不同，结构破坏模式可分为两种：约束混凝土杆件先发生屈服，套管先发生屈服。

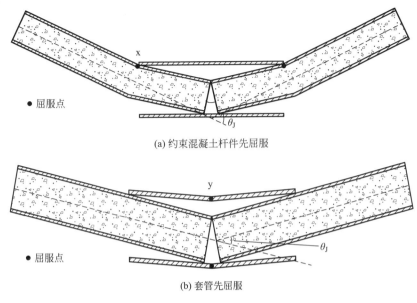

(a) 约束混凝土杆件先屈服

(b) 套管先屈服

图 6-33 套管节点破坏模式

（3）节点破坏模式力学判定依据

分别验算薄弱截面全截面屈服时节点所承受弯矩，通过对比两种状态下弯矩大小，建立套管节点破坏模式的力学判定依据，取较小者作为节点抗弯承载力。基于上述分析，建立套管节点简化力学模型，选取约束混凝土杆件和套管构件作为分析对象，推导试件抗弯承载力的解析解。

① 约束混凝土杆件力学分析

进行约束混凝土杆件受力分析时，假设套管构件刚度远大于约束混凝土杆件，此时约束混凝土杆件简化为如图 6-34 所示静定结构。

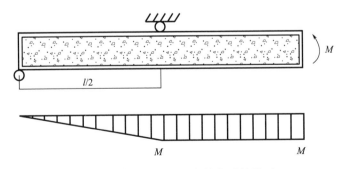

图 6-34 约束混凝土杆件简化计算模型

当试件两端弯矩达到约束混凝土杆件截面屈服弯矩 M_y^a 时，即 $M = M_y^a$，构件屈服。

133

基于所选模型，杆件中部铰接点竖向分力 F_1 计算方法见公式（6-3）。

$$F_1 = \frac{2M_y^a}{l} \tag{6-3}$$

由于临界转角（$\theta_J = \omega_0$）存在，约束混凝土杆件先发生屈服状态下抗弯承载力 M_a 计算方法见公式（6-4）。

$$M_a = \frac{2M_y^a}{\cos\theta_J/2} \tag{6-4}$$

② 套管构件力学分析

套管构件简化为如图 6-35 所示力学模型，套管在实际受力过程中由于约束混凝土杆件两侧挤压力及中点竖向力存在，套管构件处于压弯组合状态，其轴力及弯矩计算方法见公式（6-5）和公式（6-6）。

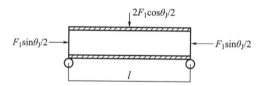

图 6-35　套管构件简化力学模型

$$\frac{N}{A_n} + \frac{M_x}{\gamma_x W_{nx}} = \frac{F_1\sin\theta_J/2}{A_n} + \frac{\frac{l}{2}F_1\sin\theta_J/2}{\gamma_x W_{nx}} = f \tag{6-5}$$

$$F_1 = \frac{f}{\dfrac{\sin\theta_J/2}{A_n} + \dfrac{\frac{l}{2}\cos\theta_J/2}{\gamma_x W_{nx}}} \tag{6-6}$$

式中，N、M_x 为验算截面处的轴力和弯矩；A_n 为验算截面处的截面面积；W_{nx} 为验算截面处绕截面主轴的截面抵抗矩；f 为材料屈服应力；γ_x 为截面塑性发展系数。

当套管中点截面发生破坏时，套管先发生屈服状态下抗弯承载力 M_t 计算方法见公式（6-7）。

$$M_t = \frac{F_1 l}{2\cos\theta_J/2} \tag{6-7}$$

对比 M_a 及 M_t：

若 $M_a \leqslant M_t$，则约束混凝土杆件先于套管达到截面屈服弯矩，试件破坏模式服从约束混凝土杆件先发生屈服状态。

若 $M_a \geqslant M_t$，即套管先于约束混凝土杆件达到屈服极限，试件破坏模式服从套管先发生屈服状态。

通过 M_a、M_t 大小，可判断节点薄弱截面位置，判断节点破坏形态，以此作为套管节点破坏模式判据；取 M_a、M_t 两者较小值，即为节点抗弯承载力。

2. 装配式节点承载理论分析

（1）节点构造及破坏模式

为有效地配合装配式拱架智能化施工，作者研发了与施工工艺相配合的拱架装配式节点。装配式节点主要包括：耳板、承压板、销轴、螺栓、伸缩销，如图6-36所示。

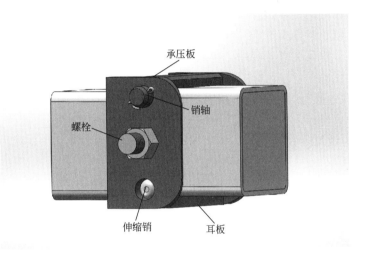

图 6-36 装配式节点

当拱架折叠时，导向伸缩销将节点锁紧连接在一起，最后连接螺栓，提高节点强度及稳定性。该节点具有形式多样、加工成本低、施工方便、承载力高、传力明确等优点。

基于上述节点构造特征，结合现场实践，当作用于拱架上的荷载逐渐上升后，拱架发生变形。由于装配式节点特殊构造性，节点为销轴连接处受拉或伸缩销连接处受拉，节点所处的状态不是固定不变的，需要进行分析判断，两种状态造成拱架的力学响应完全不同，造成节点破坏模式也不同。

根据现场实践可知，节点破坏模式主要为：

① 约束混凝土屈服破坏

约束混凝土结构发生屈服破坏，整体破坏模式为平滑曲线形。装配式节点未发生明显变形或变形很小，在节点两侧拱架发生较明显的弯曲变形。

② 装配式节点破坏

销轴连接处破坏。在拱架受力后，当节点受拉侧为节点销轴连接处时，受拉侧销轴与连接板发生接触，受压侧两块承压板受力。因此，该状态下节点最先于销轴连接处发生破坏，即销轴剪切破坏或者贯通孔套破坏，伸缩销与销轴的受力破坏形式相同，可不验算。

③ 耳板挤压破坏

在拱架受力后，受拉侧销轴或伸缩销与耳板局部接触，通过相互挤压传力。因此，该状态下节点最先在耳板发生破坏，根据节点设计参数及实践可知，破坏一般为耳板挤压破坏。

（2）装配式节点力学判定依据

针对装配式节点构件不同破坏模式，验算节点试件薄弱截面发生屈服承受的弯矩值，通过对比三种状态下弯矩大小，建立装配式节点试件破坏模型的力学判定依据，取较小者作为节点抗弯承载能力。基于上述分析，建立装配式节点简化计算模型，取约束混凝土杆件、装配式节点作为分析对象，推导试件抗弯承载力的解析解。

1）约束混凝土杆件力学分析

方钢约束混凝土构件仅承受弯矩时，根据相关文献研究，构件最大强度承载力 M 计算方法见公式（6-8）。

$$M = \beta_m M_u \tag{6-8}$$

式中，β_m 为等效弯矩系数（取 1.0）；M_u 为抗弯承载力，计算方法见公式（6-9）。

$$M_u = \gamma_m W_{scm} f_{scy} \tag{6-9}$$

式中，γ_m 为抗弯强度承载力计算系数；W_{scm} 为构件截面抗弯模量；f_{scy} 为方钢约束混凝土构件强度标准值。

2）装配式节点力学分析

由上述分析可知，装配式节点破坏主要集中在伸缩销、承压板及耳板连接处，建立装配式节点构件计算模型，如图 6-37 所示，对不同破坏方式进行理论研究。

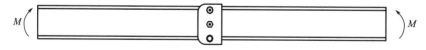

图 6-37　装配式节点构件计算模型

① 销轴破坏力学分析

当节点受拉侧为节点销轴连接处时，受拉侧销轴与连接板发生接触，受压侧两块承压板受力。因此，在该状态下如果销轴强度较小，节点最先于销轴发生破坏。销轴的抗剪承载能力 $N_{v,x}^b$ 计算方法见公式（6-10）。

$$N_{v,x}^b = n_v \frac{\pi d^2}{4} f_{v,x}^b \tag{6-10}$$

式中，n_v 为受剪面数量；d 为销轴直径；$f_{v,x}^b$ 为销轴抗剪强度。

销轴的承压能力 $N_{c,x}^b$ 计算方法见公式（6-11）。

$$N_{c,x}^b = dt f_{c,x}^b \qquad (6\text{-}11)$$

式中，t 为耳板的厚度；$f_{c,x}^b$ 为销轴抗压强度。

销轴抗剪承载能力和承压能力的较小值为 $N_{min,x}^b$，其取值见公式（6-12）。

$$N_{min,x}^b = \{N_{c,x}^b,\ N_{v,x}^b\}_{min} \qquad (6\text{-}12)$$

根据平截面假定，销轴和中部螺栓所受的剪力与至受压侧伸缩销的距离成正比，受力简图如图 6-38 所示。

因此，以销轴破坏为极限状态的节点承载力 $M_{x,x}$ 计算方法见公式（6-13）～公式（6-15）。

$$M_{x,x} = M_{D,x} + M_{C,x} = \frac{h_c^2}{h_d} N_{min,x}^b + h_d N_{min,x}^b \qquad (6\text{-}13)$$

$$M_{D,x} = N_{min,x}^b h_d \qquad (6\text{-}14)$$

$$M_{C,x} = \frac{h_c^2}{h_d} N_{min,x}^b \qquad (6\text{-}15)$$

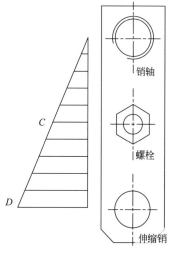

图 6-38 受力简图

式中，$M_{D,x}$ 为以受压侧伸缩销为原点 D 点销轴所提供的弯矩；h_d 为销轴到伸缩销的距离；$M_{C,x}$ 为以受压侧伸缩销为原点 C 点螺栓所提供的弯矩；h_c 为螺栓到伸缩销的距离。

② 耳板构件力学分析

销轴与耳板通过局部的挤压接触进行力的传导，接触面上的应力按椭圆规律分布，耳板发生挤压破坏需要考虑耳板净截面抗拉承载力、耳板端部截面抗拉承载力以及耳板抗剪承载力，耳板尺寸示意图见图 6-39。

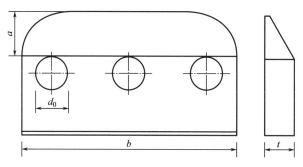

图 6-39 耳板尺寸示意图

耳板端部截面抗拉承载能力 $N_{t,ed}^b$ 计算方法见公式（6-16）。

$$N_{t,ed}^{b}=2t\left(a\gamma_{e}-\frac{2d_{0}}{3}\right)f_{t,ed}^{b} \tag{6-16}$$

式中，a 为顺受力方向销轴孔边距耳板边缘最小距离，装配式节点 a 的取值还需乘以折减系数 $\gamma_{e}=0.5$；t 为耳板的厚度；$f_{t,ed}^{b}$ 为耳板端部抗拉强度。

耳板截面抗剪承载能力 $N_{v,e}^{b}$ 计算方法见公式（6-17）。

$$N_{v,e}^{b}=2tZf_{v,e}^{b} \tag{6-17}$$

式中，$f_{v,e}^{b}$ 为耳板的抗剪强度；Z 取值见公式（6-18）。

$$Z=\sqrt{\left(a+\frac{d_{0}}{2}\right)^{2}+\left(\frac{d_{0}}{2}\right)^{2}} \tag{6-18}$$

式中，d_{0} 为螺栓孔直径。

令耳板截面抗剪和端部截面抗拉承载能力的较小值为 $N_{min,e}^{b}$，其取值见公式（6-19）。

$$N_{min,e}^{b}=\{N_{t,ed}^{b},\ N_{v,e}^{b}\}_{min} \tag{6-19}$$

同理，以耳板破坏为极限状态的节点承载力 $M_{x,e}$ 计算方法见公式（6-20）。

$$M_{x,e}=M_{C,e}+M_{D,e}=2h_{d}N_{min,e}^{b}+2\frac{h_{c}^{2}}{h_{d}}N_{min,e}^{b} \tag{6-20}$$

式中，$M_{D,e}$ 为以受压侧伸缩销为原点 D 点销轴所提供的弯矩；h_{d} 为销轴到伸缩销的距离；$M_{C,e}$ 为以受压侧伸缩销为原点 C 点螺栓所提供的弯矩；h_{c} 为螺栓到伸缩销的距离。

③ 承压板构件力学分析

承压板受力状态与耳板类似，在其变形破坏分析时需要考虑截面抗剪和端部截面抗拉承载能力。销轴的直径与承压板最薄处厚度比值约为 3.5，相对于承压板最薄处，销轴具有较好刚度，可认为销轴对承压板产生均匀的作用力。承压板尺寸示意图如图 6-40 所示。

承压板端部截面抗拉承载能力 $N_{t,c}^{b}$ 计算方法见公式（6-21）。

$$N_{t,c}^{b}=l\gamma_{1}a'f_{t,c}^{b}/2.5 \tag{6-21}$$

式中，a' 为顺受力方向销轴孔边距承压板边缘最小距离；l 为承压板宽度；γ_{1} 为承压板销轴接触的长度折减系数，取 0.7；$f_{t,c}^{b}$ 为承压板的抗拉强度。

承压板截面抗剪承载能力 $N_{v,c}^{b}$ 计算方法见公式（6-22）。

$$N_{v,c}^{b}=2lZ'f_{v,c}^{b} \tag{6-22}$$

式中，$f_{v,c}^{b}$ 为承压板的抗剪强度；Z' 取值见公式（6-23）。

$$Z'=\sqrt{\left(a'+\frac{d_{0}}{2}\right)^{2}+\left(\frac{d_{0}}{2}\right)^{2}} \tag{6-23}$$

式中，d_{0} 为螺栓孔直径。

令承压板截面抗剪和端部截面抗拉承载能力的较小值为 $N_{min,c}^{b}$，其取值见公

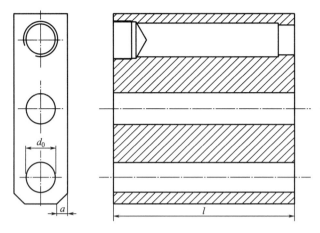

图 6-40 承压板尺寸示意图

式（6-24）。

$$N_{min,c}^b = \{N_{t,c}^b, \; N_{v,c}^b\}_{min} \tag{6-24}$$

同理，以承压板破坏为极限状态的节点承载力 $M_{x,c}$ 计算方法见公式（6-25）。

$$M_{x,c} = M_{C,c} + M_{D,c} = h_d N_{min,c}^b + \frac{h_c^2}{h_d} N_{min,c}^b \tag{6-25}$$

式中，$M_{D,c}$ 为以受压侧伸缩销为原点 D 点销轴所提供的弯矩；h_d 为销轴到伸缩销的距离；$M_{C,c}$ 为以受压侧伸缩销为原点 C 点螺栓所提供的弯矩；h_c 为螺栓到伸缩销的距离。

综上所述，对装配式节点试件纯弯承载能力，可以通过 M_a、$M_{x,x}$、$M_{x,e}$ 和 $M_{x,c}$ 大小，判断试件薄弱截面位置，评判破坏形态，并以此作为装配式节点试件的破坏模式判断依据。M_a、$M_{x,x}$、$M_{x,e}$、$M_{x,c}$ 中的较小值，即为节点抗弯承载力。

6.3.2 套管节点抗弯承载特性

本节通过开展拱架套管节点抗弯性能力学试验，明确套管节点的弯曲强度与压弯强度，揭示不同设计参数对套管节点抗弯承载力的影响机制。

1. 试验方案

（1）室内试验概况

通过大型液压伺服加载系统开展拱架节点纯弯试验与压弯试验，如图 6-41 与图 6-42 所示。试验采用分级加载模式，在构件纵向布置位移计，记录试件的变形过程及转角大小。试验对象包括无节点的约束混凝土试件与套管节点的约束混凝土试件。其中，约束混凝土试件的截面边长为 150mm，钢管壁厚为 8mm，内部填充 C40 混凝土。套管边长 180mm，壁厚 12mm，长度 500mm。压弯试验中的偏心距设计为 150mm。

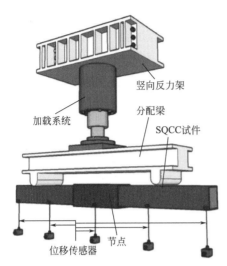

竖向反力架

加载系统

分配梁

SQCC试件

节点

位移传感器

无节点试件

套管节点试件

图 6-41　纯弯试验

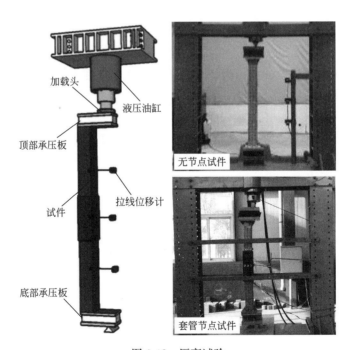

加载头

液压油缸

顶部承压板

试件

拉线位移计

底部承压板

无节点试件

套管节点试件

图 6-42　压弯试验

（2）数值试验概况

通过有限元分析软件开展无节点试件与套管节点试件的纯弯试验与压弯试验，数值模型与室内试验试件尺寸一致。采用 C3D8R 实体单元建模，钢管内壁和核心混凝土之间采用 Tie 约束。对模型采用线荷载加载,加载线的位置与室内试验中的加载位置保持一致。钢管和混凝土的材料本构见 3.1.2 节内容。

2. 纯弯试验结果分析

（1）变形破坏特征分析

对无节点试件和套管节点试件在纯弯荷载下的变形过程进行监测,其中,无节点试件与套管节点试件的最终破坏形态如图 6-43 所示。

(a) 无节点试件在纯弯作用下的破坏情况   (b) 套管节点试件在纯弯作用下的破坏情况

图 6-43　纯弯试验结果

无节点试件在加载初期处于弹性状态,未表现出明显的变形;随着荷载增加,试件转角逐渐增大,随后进入屈服阶段,转角迅速增加,竖向荷载大小逐渐趋于稳定。至试件加载完成,无节点试件表现出明显的弯曲变形现象。

套管节点构造简单,传力机制明确,节点组件无须预先组装或焊接,避免了焊缝等薄弱环节的出现,两节约束混凝土构件通过套管的约束作用,节点试件抗弯强度得到显著加强。加载过程中,试件受力稳定,缓慢变形,直至试验结束。套管节点试件变形位置主要集中在套管中部与两侧边缘处。

（2）弯矩—转角曲线分析

图 6-44 为纯弯荷载作用下的弯矩—转角曲线。

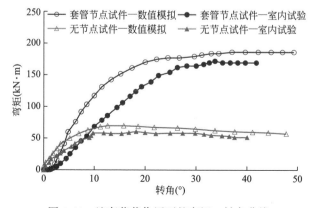

图 6-44　纯弯荷载作用下的弯矩—转角曲线

由图 6-44 可知：套管节点试件由于套管和约束混凝土构件之间存在间隙，在受力初期表现出明显的铰接特性，在转动一定角度后，套管节点刚度显著增加。室内试验验证了数值模拟的正确性。

（3）影响因素分析

本节基于套管节点纯弯数值试验，通过改变混凝土等级、套管壁厚、套管间隙、套管长度等参数进一步探讨构造参数对节点力学性能的影响规律。另一方面，将经济指标 β 作为套管节点设计时评估其性价比的参考指标，其值为方钢约束混凝土套管节点抗弯承载力与套管用钢量的比值。β 越大，表明所选节点性价比越高。

试验方案编号采用 $I_k - A_i B_j C_m D_n$（$k = 1 \sim 4$）形式表示。其中，I 代表套管节点纯弯数值模拟方案，k 代表所考虑的 4 个参数（1—混凝土等级，2—套管间隙，3—套管壁厚，4—套管长度）；A 代表套管边长，i 代表 6 种不同的套管边长取值；B 代表套管壁厚，j 代表 8 种不同的套管壁厚取值；C 代表套管长度，m 代表 7 种不同的套管长度取值；D 代表混凝土等级，n 代表 4 种不同的混凝土等级。具体取值见表 6-3 和表 6-4。

试件参数对照表　　　　　　　　　　　　　　　　表 6-3

编号	参数变量	1	2	3	4	5	6	7	8
A_i	套管边长(mm)	180	181	182	183	184	185	—	—
B_j	套管壁厚(mm)	4	6	8	10	12	14	16	18
C_m	套管长度(m)	0.5	0.6	0.7	0.8	0.9	1.0	—	—
D_n	混凝土强度等级	C20	C30	C40	C50	—	—	—	—

数值试验套管节点试件　　　　　　　　　　　　　　表 6-4

节点参数	方案编号	A	B	C	D	数量
混凝土强度等级 I_1	$I_1 - A_1 B_5 C_5 D_n$	A_1	B_5	C_5	D_n	4
套管间隙 I_2	$I_2 - A_i B_5 C_5 D_3$	A_i	B_5	C_5	D_3	6
套管壁厚 I_3	$I_3 - A_1 B_j C_5 D_3$	A_1	B_j	C_5	D_3	8
套管长度 I_4	$I_4 - A_1 B_5 C_m D_3$	A_1	B_5	C_m	D_3	6

① 混凝土强度影响

节点强度主要受约束混凝土杆件强度与套管截面抵抗矩的影响，因此，混凝土强度主要通过影响约束混凝土杆件强度来影响节点抗弯承载力。由于混凝土抗拉强度较低，在弯矩作用下通常较早失效，故其对节点强度的影响较小。

由不同混凝土强度等级下节点的弯矩—转角曲线可充分证明上述分析，如图

6-45 所示，混凝土强度等级对转角没有影响，对节点初始转动刚度影响极小，对极限抗弯承载力影响亦不大，但对混凝土屈服后刚度具有一定影响。另一方面，由于改变混凝土强度等级不会改变结构用钢量，故对结构经济性指标影响极小，如图 6-46 所示。

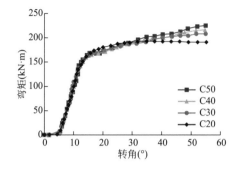 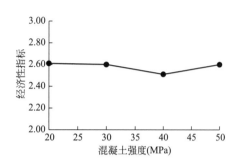

图 6-45 不同混凝土强度等级下的弯矩—转角曲线　　图 6-46 不同混凝土等级下经济指标

　② 套管间隙、套管壁厚影响机制

　套管间隙、套管壁厚主要通过影响套管截面抵抗矩影响节点强度。当套管间隙增大、钢管壁增厚，套管截面抵抗矩相应增大，故节点强度在一定范围内增强；当套管强度超过约束混凝土拱架强度，节点强度不再增大。

　由图 6-47、图 6-48 可以看出：套管间隙对转角的影响较为明显。套管间隙越大，转角显著增大；随着套管间隙的增大，节点极限弯矩增大。另一方面，套管壁厚对转角影响较小，但是对节点抗弯承载力影响显著。随着套管壁厚增大，节点抗弯承载力显著增长，在达到一定峰值之后趋于稳定。

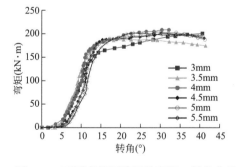 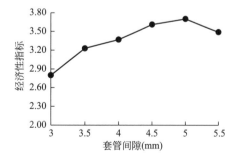

图 6-47 不同套管间隙下的弯矩—转角曲线　　图 6-48 不同套管间隙下经济指标对比

　由图 6-49、图 6-50 可知，套管间隙对节点经济性影响不显著。但随着套管壁厚增大，含钢量增加，由于节点承载力逐渐趋于稳定，故其经济性指标表现出减小趋势。

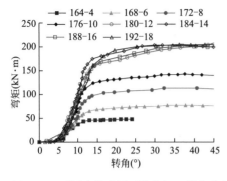

图 6-49　不同套管壁厚下的弯矩—转角曲线

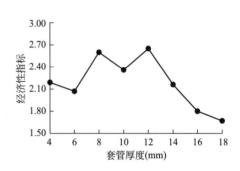

图 6-50　不同套管壁厚下经济指标对比

③ 套管长度影响机制

在相同间隙下，转角随着套管长度的增加而减小。套管长度对节点强度的影响机制较为复杂。总体来说，套管越长，套管构件对约束混凝土杆件补强作用显著，节点承载力及转动刚度均有所提高。另一方面，由于套管长度增加，会导致节点用钢量显著增加，故其经济性指标随套管长度增大而减小，如图 6-51、图 6-52 所示。

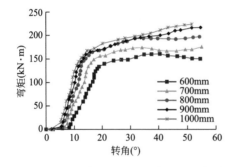

图 6-51　不同套管长度下的弯矩—转角曲线　　图 6-52　不同套管长度下经济指标对比

3. 压弯试验结果分析

（1）变形破坏特征分析

对无节点试件和套管节点试件在压弯荷载下的变形过程进行监测，其中无节点试件与套管节点试件的最终破坏形态如图 6-53 所示。

① 无节点试件变形破坏特征

无节点试件在加载开始较长时间内未发生明显变形，当荷载达到较大值时才开始发生弯曲变形，破坏形态表现为柱体发生侧向挠曲，破坏形式呈平滑曲线形破坏。

无节点试件跨中位置出现约束钢管鼓出明显，变形严重，漆皮剥离，并出现混凝土碎裂声。

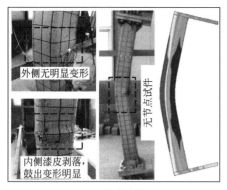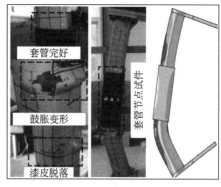

(a) 无节点试件　　　　　　　　　(b) 套管节点试件

图 6-53　套管节点试件压弯破坏形态

② 套管节点试件变形破坏特征

加载初期，内部试件发生弯曲变形，试件底端发生侧向滑动，因此套管也发生滑动，两节试件在套管内部形成临界转角，这是因为拱架与套管之间存在间隙导致。

随着荷载逐渐增加，内部试件弯曲变形加剧，套管开始对内部试件的变形产生限制作用，使得内部试件在套管上缘附近产生更大的曲率，同时套管也开始受力产生变形。

试件破坏表现为柱体发生侧向挠曲，最终丧失稳定而被破坏。破坏形式为折线形破坏，套管节点未发生明显变形。套管端口与试件接触部位变形明显，其中受压侧约束钢管鼓出明显，漆皮剥落，受拉侧钢管产生裂纹，开始被撕裂，局部漆皮掉落。

（2）承载性能分析

图 6-54 为室内试验与数值模拟得到的无节点试件和套管节点试件荷载—侧向变形曲线。

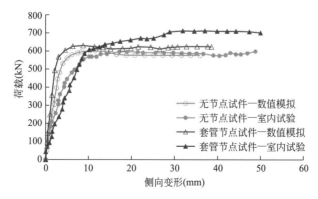

图 6-54　无节点试件和套管节点试件荷载—侧向变形曲线

145

由图 6-54 分析可知,无节点试件和套管节点试件延性较好,相较于无节点试件,套管节点试件在套管的加强作用下,具有较高的屈服强度和极限强度。

由于数值模型条件更理想,数值模拟中试件刚度略大于室内试验结果。综合室内、数值试验现象及极限荷载分析,本节数值计算分析可满足拱架节点力学特性的研究需要。

通过改变压弯试件加载偏心率可获得试件 M—N 强度包络线,如图 6-55 所示。其中,M 为极限弯矩,N 为试件压弯破坏时轴压承载力;曲线与 y 轴交点为偏心率为 0 时的极限荷载,曲线与 x 轴交点为纯弯试件极限弯矩。M 的计算公式见公式(6-26)。

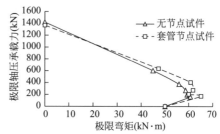

图 6-55　无节点试件和套管节点试件 M—N 强度包络线

$$M = N(e + \Delta l) \tag{6-26}$$

式中,e 为荷载偏心距;N 为试件轴压承载力;Δl 为荷载达到 N 时对应的侧向挠度。

可以看出,无节点试件与套管节点试件轴压强度相近,表明轴压强度主要由拱架截面形式决定。

(3)影响因素分析

节点参数分析考虑套管长度、套管壁厚 2 个参数,具体见表 6-5。其中,各参数选取原则是在满足现场使用要求前提下,以常用参数为基数进行的。

试验方案

表 6-5

试件编号	变量	套管长度(mm)	套管壁厚(mm)
SQCC—A_1B_3		40	25
SQCC—A_2B_3	套管长度	50	25
SQCC—A_3B_3		60	25
SQCC—A_1B_1		50	20
SQCC—A_1B_2	套管壁厚	50	25
SQCC—A_1B_3		50	30
SQCC—A_0B_0	无节点	—	—

图 6-56 和图 6-57 分别为不同套管长度和不同套管壁厚 M—N 强度包络线。由图 6-56 与图 6-57 可知:

① 不同套管长度与壁厚对节点试件压弯荷载曲线的变化趋势无明显影响。

② 在无弯矩的轴压荷载下,不同套管长度与壁厚的节点试件的抗压强度无明显差异,试件的承载性能主要由约束混凝土抗压强度决定。

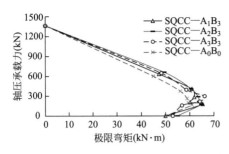

图 6-56 不同套管长度 M—N 强度包络线

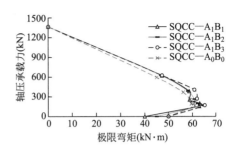

图 6-57 不同套管壁厚 M—N 强度包络线

③ 随着弯矩的逐渐降低，各条曲线的间距从基本不变变为逐渐增加，表明套管的长度与壁厚的增加对试件的抗压性能影响不大，对抗弯承载性能影响较大。

6.3.3 装配式节点抗弯承载特性

1. 试验方案

（1）概况

通过大型液压伺服加载系统开展装配式节点纯弯试验与压弯试验，如图 6-58 与图 6-59 所示。试验对象由两个方钢约束混凝土构件与一个装配式节点组成。其中，方钢约束混凝土构件的截面边长和钢管壁厚分别为 150mm 和 8mm，内部填充 C40 混凝土。装配式节点的关键设计参数为：承拉栓轴直径 32mm、承拉栓轴转动半径 130mm、节点厚度 50mm，如图 6-60 所示。压弯试验中的偏心距设计为 225mm。

图 6-58 装配式节点纯弯试验

图 6-59 装配式节点压弯试验

147

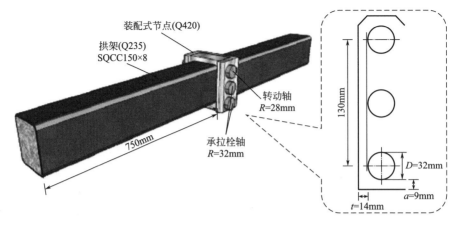

图 6-60　装配式节点

（2）数值试验概况

采用有限元分析软件开展拱架装配式节点的纯弯试验与压弯试验，数值模型尺寸与室内试验保持一致，建模方法具体见 6.3.2 节。在端板—端板接触面、螺栓—栓孔接触面施加接触单元，模拟节点承载过程中真实的接触非线性特性。采用八个节点的正六面体单元对构件进行网格划分，装配式节点数值模型如图 6-61 所示。

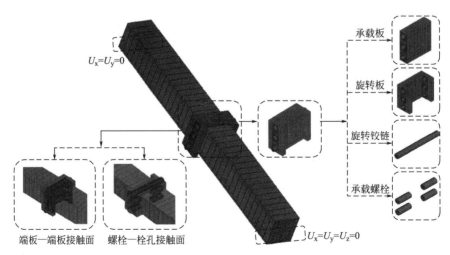

图 6-61　装配式节点数值模型

2. 试验结果分析

（1）纯弯试验结果分析

装配式节点纯弯加载下的弯矩—转角曲线与应力云图如图 6-62 与图 6-63 所示。

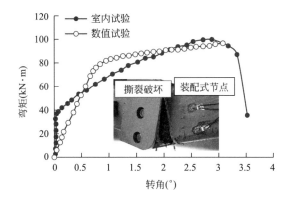

图 6-62 装配式节点的弯矩—转角曲线（纯弯试验）

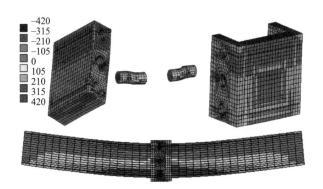

图 6-63 装配式节点的应力云图（纯弯试验）

由图 6-62 与图 6-63 可知：

① 在弯矩作用下，装配式节点上部承受压力，下部螺栓组和端板承受拉力。随着荷载的逐渐增加，焊缝达到极限强度瞬间拉裂，节点变形不明显，试件整体强度较高，但变形能力很小。

② 通过对比室内与数值试验结果，室内试验结果验证了数值模型的正确性。

③ 曲线变化趋势整体分为：弹性阶段，试件节点弯矩迅速增加，节点挠度变化不明显。弹塑性阶段，试件所受到的荷载逐渐减小，节点挠度逐渐增加。塑性阶段，试件节点挠度增加迅速，节点弯矩增加变缓，逐渐接近稳定。

（2）压弯试验结果分析

装配式节点在压弯荷载下的荷载—挠度曲线与应力云图如图 6-64 与图 6-65 所示。

由图 6-64 与图 6-65 可知：

① 试件在加载初期的变形量很小。随着荷载持续增加，当接近拱架屈服荷载时，试件变形明显增加，且听到混凝土碎裂声。由于二阶效应影响，当试件变

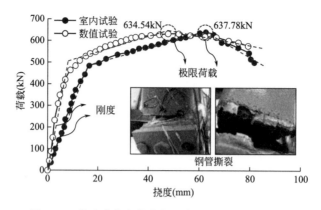

图 6-64　装配式节点的荷载—挠度曲线（压弯试验）

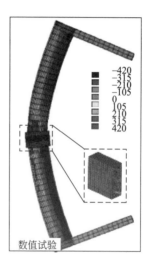

图 6-65　装配式节点的应力云图（压弯试验）

形到一临界值时，试件迅速变形，随后钢管开裂，失效位置在焊接区外。

②曲线变化趋势整体可以分为：弹性阶段，荷载与侧向挠度曲线近似呈线性关系，荷载增加迅速，侧向挠度变化不明显。弹塑性阶段，曲线整体斜率变小，试件所受到的荷载逐渐减小，变形逐渐增加。塑性阶段，试件侧向挠度增加迅速，而荷载增加则变缓慢，并逐渐降低至稳定。

③通过对比室内与数值试验结果对比，室内试验结果验证了数值模型的正确性。

（3）影响因素分析

为进一步阐明装配式节点设计参数的影响规律，选取端板厚度、底部螺栓位置和螺栓直径为变量，开展装配式节点偏压试验，节点试件编号为 FJ—$A_iB_jC_k$，

其中，A 表示端板厚度，B 表示螺栓到接头的距离，C 代表螺栓直径，具体试验
方案见表 6-6。

试验方案 表 6-6

试件编号	变量	端板厚度（mm）	螺栓到接头距离（mm）	螺栓直径（mm）
FJ—$A_1B_2C_4$	端板厚度	40	25	32
FJ—$A_2B_2C_4$		50	25	32
FJ—$A_3B_2C_4$		60	25	32
FJ—$A_2B_1C_4$	螺栓位置	50	20	32
FJ—$A_2B_2C_4$		50	25	32
FJ—$A_2B_3C_4$		50	30	32

通过数值模拟得到了不同装配式节点的 N—Δl 曲线和 M—N 曲线，如图 6-66
所示。

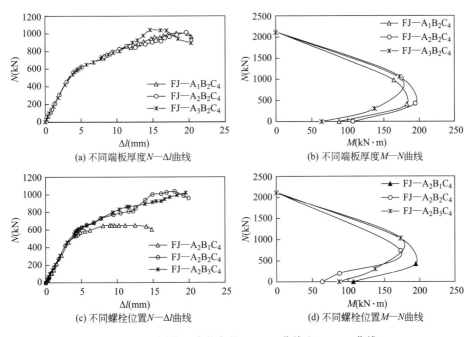

图 6-66 不同装配式节点的 N—Δl 曲线和 M—N 曲线

由图 6-66 可知：

① 增加端板厚度将改变节点的失效模式，端板厚度的减小在一定程度上削
弱了节点的强度。在端板厚度为 50mm 的设计方案中，各构件的变形最为协调，
有利于拱架强度的充分发挥。

② 底边距离对节点屈服后的弱化或强化行为有很大影响。宽度越小，屈服后刚度越低，极限强度和变形能力越小。螺栓位置越高，装配式节点的延性越好。

6.3.4 小结

（1）建立了套管节点两种典型的破坏模式，推导了节点破坏判据，形成了套管节点抗弯破坏模式判据及承载力计算方法；建立了装配式节点三种典型的破坏模式，提出了装配式节点简化计算模型，推导了节点破坏判据，形成了装配式节点抗弯破坏模式判据及承载力计算方法。

（2）通过开展拱架节点室内抗弯性能试验，明确了套管节点试件和装配式节点试件的变形破坏机理和承载机制。结果表明，套管节点试件在套管两侧边缘位置发生鼓屈变形，整体呈现折线形破坏形态；装配式节点试件在节点区域发生撕裂破坏，整体呈现平滑曲线形的破坏形态。

（3）通过开展拱架节点室内抗弯性能数值试验，明确了不同设计参数对套管节点和装配式节点抗弯性能的影响机制。结果表明，套管长度与厚度的增加可以提高拱架节点的抗弯承载性能；装配式节点中螺栓位置的提高和直径的增加，可以分别提高装配式节点的延性与承载强度。

6.4　拱架智能施工方法

在上述拱架施工装备的研发与施工过程力学特性的研究基础上，本节建立了灌注、折叠拱架高效吊运、装配式拱架自动展开、节点自动卡合固定、拱架快速精确定位等成套施工方法，各工序有序衔接，形成一套快速有效的工艺流程。

（1）拱架预灌注技术

在隧道外，通过混凝土灌注设备对各节拱架进行混凝土灌注，如图 6-67 所示。混凝土初凝后，将拱架集中摆放并进行养护，养护时间为 28d 左右。

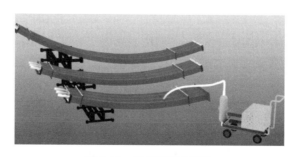

图 6-67　拱架混凝土灌注

（2）折叠吊运

利用拱架安装机将拱架运送至现场掌子面进行智能化施工，具体流程如下：

① 如图 6-68 所示，约束混凝土拱架现场安装前，利用拱架安装机，通过活动销轴连接已编号的相邻拱架节段，并按照编号折叠拱架至占用空间最小的自然状态。

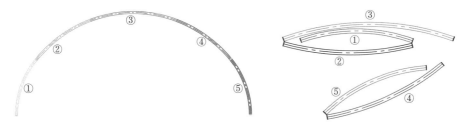

图 6-68　拱架折叠

② 在距离拱架拱顶两侧各 2m 及距离拱脚两侧各 1.5m 处，焊接拱架定位装置（螺栓基座及导向喇叭口），利用拱架 U 形固定螺栓将折叠拱架固定，便于拱架吊运时不会散开，见图 6-69。

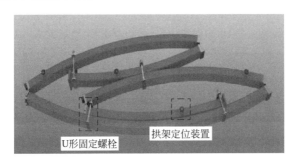

图 6-69　拱架吊运准备

③ 见图 6-70，通过吊带悬吊约束混凝土拱架，利用安装机将折叠拱架吊运至隧道掌子面，进行拱架安装前的准备。

图 6-70　拱架吊运

153

（3）拱架智能化安装

利用安装机将拱架运输到掌子面附近，以大断面四车道隧道为例，第一榀拱架摆放至掌子面前方 1.4m 处，其余两榀摆放在距离掌子面 10～20m 处的隧道两侧（视现场具体情况而定），留出 11m 的安装机械设备操作空间。

通过遥控安装机的机械手，将折叠拱架左右两侧向两边展开。其中，2、4 节拱架完全展开，自动装配节点卡和。1、5 节拱架展开至水平放置，防止拱架举升时节点弯折损坏，如图 6-71 所示。

图 6-71　拱架展开

（4）拱架举升

如图 6-72 所示，机械手伸长至拱架拱顶位置，人工近距离遥控机械手抓取拱架。机械手缓慢举升至安装位置固定不动，人工配合辅助安装机拨开拱架左右拱腿。

图 6-72　拱架举升

（5）精确定位

拱架完全展开后，机械手抓举拱架进行细微移动，将纵连接定位杆对准上一榀拱架提前焊接的定位杆导向喇叭口。先连接拱顶两侧的定位杆，再对准拱腿处的 2 根连接杆，实现拱架精确定位。同时，按要求垫实拱脚，实现拱架快速精确固定，如图 6-73 所示。

图 6-73 垫实拱脚

（6）其他工序

拱架安装完成后，焊接剩余纵向连接钢筋，铺设钢筋网，施打锚杆。之后，通过连接在安装臂外圆周面的喷嘴以及输浆管与供浆机构连接，将浆液通过输浆管输送至喷嘴，并由喷嘴喷出，对隧道进行喷射养护。

6.5 本章小结

（1）研发了装配式约束混凝土拱架、智能化拱架施工装备以及智能喷射举升组合装置，形成了大断面隧道装配式约束混凝土施工体系。

（2）开展了拱架施工过程力学模拟试验，明确了拱架施工过程力学特性。结果表明：在拱架举升过程中，受自重与机械施工作用影响，拱架截面应力随着拱架与地面夹角的增加而降低，应力峰值出现在拱顶位置。结合施工过程拱架关键部位受力特征，提出了一种夹板吊装的拱架施工方法，有效地改善了施工过程拱架的受力。

（3）通过开展约束混凝土节点抗弯性能的理论分析与力学试验，构建了拱架节点构件的承载强度判定依据，明确了各构件破坏模式及力学特性，揭示了不同节点设计参数对构件抗弯性能的影响机制，为相关工程设计应用提供了指导与借鉴。

7 约束混凝土高强支护现场应用

本章在约束混凝土高强支护技术研究的基础上,提出约束混凝土拱架与支顶护帮结构支护设计方法,并在全国典型矿山巷道和超大断面交通隧道中进行现场实践,为约束混凝土支护技术在地下工程中应用奠定基础。

7.1 约束混凝土拱架设计方法及现场应用

基于约束混凝土拱架高强支护技术的研究,提出相应支护设计方法,并在全国唯一海滨煤矿——梁家煤矿、全国最厚冲积层矿井——万福煤矿、典型深部高应力矿井——赵楼煤矿、全国最大断面公路隧道——乐疃隧道、全国最大规模城市公路隧道群中的龙鼎隧道进行现场应用。

7.1.1 约束混凝土拱架设计方法

约束混凝土拱架设计方法主要根据现场实测数据,利用理论计算对拱架进行选形,最后得到合理的支护设计方案,具体设计方法如图 7-1 所示。

(1)根据工程地质条件与支护设计要求计算出作用在拱架上的外荷载设计值 F_d。

(2)设计不同类型的拱架支护方案,建立任意节数、非等刚度约束混凝土拱架的力学模型,确定拱架关键破坏位置。

(3)结合压弯强度曲线计算出不同支护方案下的拱架极限承载力 F_u,在满足支护设计要求($F_u > F_d$)的条件下,利用评价指标 γ 确定最优的约束混凝土拱架支护设计方案。外荷载设计值 F_u 表示外荷载与安全系数的乘积;经济性评价指标 γ 定义为拱架的极限承载力与支护成本的比值。

7.1.2 梁家煤矿现场应用

1. 工程背景

以中国唯一海滨煤矿——梁家煤矿为工程背景开展现场应用,该煤矿最大埋深 820m,属于典型的深埋高应力矿井。现场支护巷道直接顶主要为碳质泥岩、砂质泥岩及泥岩夹黏土岩,底板以泥岩为主。巷道围岩吸水膨胀,顶板易风化脱

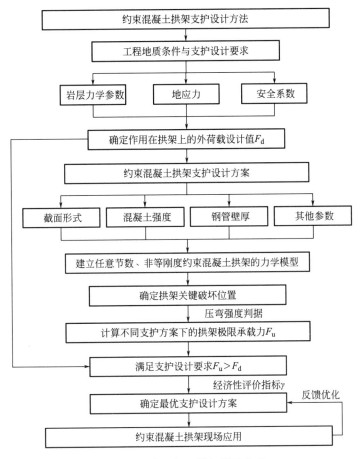

图 7-1 约束混凝土拱架设计方法

落，底臌严重，属于典型三软不稳定巷道。传统支护构件易发生屈曲、破断，围岩大变形问题十分严重。

现场巷道为圆形断面，半径为 2260mm，底板厚度为 940mm。原支护设计为锚网喷和 U36 重型钢拱架，如图 7-2 所示。其中，锚杆尺寸为 Φ25mm×2250mm，间排距为 800mm×800mm；喷射抗压强度为 20MPa 的混凝土，喷层厚度为 100mm。在原支护方案下，U36 拱架出现了屈曲、折断等严重破坏的现象，巷道收敛现象严重，如图 7-3 所示。

2. 方案设计

（1）外荷载的确定

采用约束混凝土拱架支护技术对巷道围岩变形进行控制。拱架承载力设计值的确定是支护设计的前提。通过现场 U36 拱架均匀布置的压力监测点采集径向受力，得到拱架所需的承载力为 1016kN。由于巷道围岩破碎松动严重，拱架支

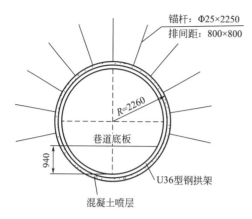

图 7-2　梁家煤矿原支护设计方案（单位：mm）　　图 7-3　梁家煤矿支护构件破坏情况

护安全系数取为 2.0，则拱架整体结构的承载力设计值为 2032kN。

（2）约束混凝土拱架支护设计方案

根据现场常用的拱架设计参数，设计了不同类型的拱架，如表 7-1、表 7-2、图 7-4 所示。方形与圆形截面约束混凝土拱架被简称为 SQCC 拱架与 CCC 拱架。将拱架设计方案编号为 A—B—C，以"150—6—C30"为例，其含义为拱架截面边长为 150mm（在圆形截面拱架中表示截面直径），钢管壁厚为 6mm，内部填充抗压强度为 30MPa 的混凝土。

方形截面约束混凝土拱架支护设计选型　　　　　　　　　表 7-1

编号	SQ1	SQ2	SQ3	SQ4	SQ5	SQ6
拱架型号	150—6—C30	150—8—C30	150—10—C30	150—6—C40	150—8—C40	150—10—C40
F_u(kN)	1636.1	2103.6	2568.9	1699.8	2156.7	2607.1
经济评价指标 γ(kN·元$^{-1}$)	0.64	0.63	0.62	0.65	0.64	0.62

圆形截面约束混凝土拱架支护设计选型　　　　　　　　　表 7-2

编号	C1	C2	C3	C4	C5	C6
拱架型号	159—6—C30	159—8—C30	159—10—C30	159—6—C40	159—8—C40	159—10—C40
F_u(kN)	1198.4	1631.8	2120.6	1236.6	1661.6	2133.3
经济评价指标 γ(kN·元$^{-1}$)	0.47	0.49	0.51	0.48	0.49	0.51

根据拱架内力理论分析结果，确定拱顶、拱底和拱腰为拱架的关键破坏位置。结合不同类型拱架的压弯强度曲线，计算出拱架的极限承载力 F_u，如表 7-1、表 7-2 所示。

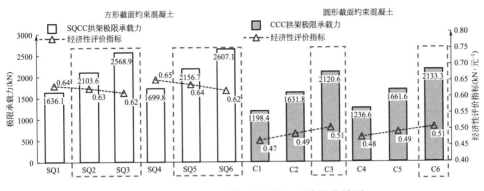

图 7-4 约束混凝土拱架承载力与经济性统计图

由表 7-1、表 7-2、图 7-4 可知，编号为 150—8—C30、150—10—C30、150—8—C40 以及 150—10—C40 的方形截面约束混凝土拱架和编号为 159—10—C30 与 159—10—C40 的圆形截面约束混凝土拱架的承载力大于拱架极限承载力设计值，满足支护设计要求。考虑工程施工的经济性，在满足承载力设计要求的条件下，编号为 150—8—C40 的方形截面约束混凝土拱架的经济性评价指标 γ 最大。因此，选择编号为 150—8—C40 的方形截面约束混凝土拱架作为最优支护设计方案进行现场应用，拱架间距设计为 0.8m，锚网喷的设计参数与原支护方案相同。

3. 支护效果分析

采用上述约束混凝土拱架支护设计方案对现场巷道支护，现场支护效果图如图 7-5 所示。为明确约束混凝土拱架支护控制效果，对拱架的拱顶、拱肩及拱腰部位置的围岩收敛情况进行长期跟踪监测，现场变形监测结果如图 7-6 所示。

图 7-5 约束混凝土拱架现场支护效果图

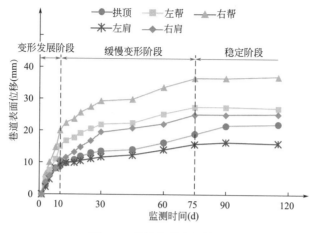

图 7-6　现场变形监测结果

由图 7-6 分析可知：

在巷道支护后的 10d 内，围岩处于变形发展阶段，该阶段变形收敛速度较快。随后，围岩进入缓慢变形阶段，变形速度明显放缓。75d 后围岩变形进入稳定阶段，该阶段收敛变形基本稳定，巷道右帮变形收敛量最大，最大值为 37mm。监测结果表明，深部复杂条件下的巷道围岩在方形截面约束混凝土拱架支护作用下得到了有效控制，验证了约束混凝土拱架支护设计方法的合理性。

7.1.3　万福煤矿现场应用

1. 工程背景

万福煤矿位于山东省菏泽市巨野矿区，是新开掘的大型现代化矿井，设计生产能力 180 万 t/年。万福矿井冲积层厚约 750m，开采水平位于 −980m，井田开采范围内实测最大主应力高达 37MPa，是国内迄今已建、在建矿井中冲积层厚度最大的矿井。

大埋深、软弱围岩、高应力等复杂地质条件给巷道围岩支护带来诸多技术难题。万福煤矿井底车场硐室群采用钻爆法掘进，掘进期间，硐室相互扰动强烈，井底车场在未完全贯通时，各硐室不同程度的矿压显现。顶板开裂、片帮、底臌、拱架压弯等破坏现象随处可见，给矿井的安全建设带来极大威胁，现场典型破坏情况如图 7-7 所示。

2. 方案设计

巷道采用上下台阶法开挖，整个断面拱架共设计为 7 节，包括上台阶 3 节，下台阶 2 节，底拱 2 节。上台阶 3 节均采用套管连接；上台阶与下台阶之间，以及下台阶与反底拱之间通过法兰节点连接，反底拱两节通过套管连接。

胶带机头硐室设计断面形式为直墙半圆拱形，荒断面高度 5500mm，荒断面

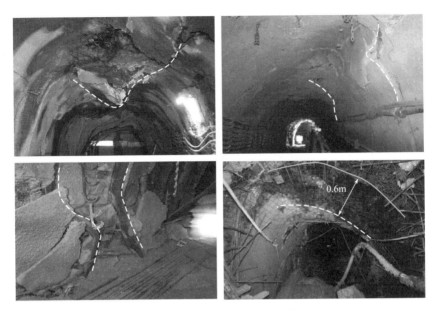

图 7-7 万福煤矿现场典型破坏情况

宽度 6700mm。设计约束混凝土拱架为 SQCC200×10—C40 拱架，其尺寸及分节如图 7-8 所示。

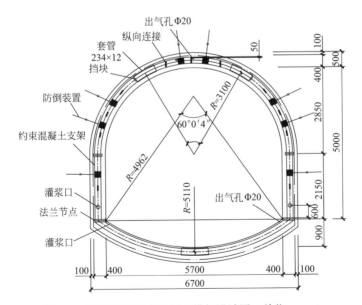

图 7-8 万福煤矿约束混凝土拱架设计图（单位：mm）

① 套管节点设计

拱肩处套管及反底拱套管选用 234 型×12mm 方钢，弧长 620mm；在拱肩

161

安放套管位置的下侧焊有防止套管滑动的防滑铁块。具体设计尺寸见图 7-9。

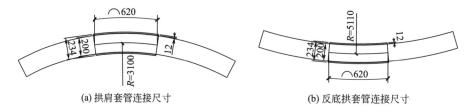

(a) 拱肩套管连接尺寸　　　　　(b) 反底拱套管连接尺寸

图 7-9　万福煤矿拱架套管连接具体设计尺寸（单位：mm）

② 法兰节点设计

为进一步加强法兰节点处强度，保证结构支护强度，在钢管拉、压两侧各加设 3 块 50mm×20mm 的斜加劲肋，具体设计尺寸见图 7-10。

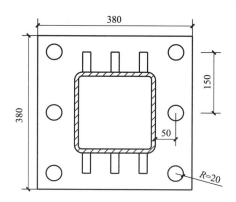

图 7-10　万福煤矿法兰节点设计尺寸（单位：mm）

③ 定位连接设计

拱架之间采用单层拉杆连接，可有效地增加衬砌结构的整体稳定性，避免支架发生失稳破坏。定位连接长度根据拱架间距设计为 766mm，拉杆采用 Φ22mm 的钢筋，拉杆环为内径 24mm、厚 5mm 的圆筒环，在两拱腰、两拱肩、拱顶侧设置拉杆环与拉杆进行连接，具体设计尺寸见图 7-11。

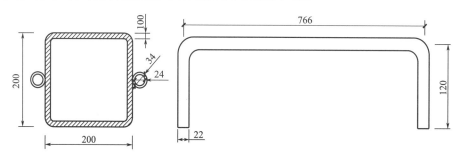

图 7-11　万福煤矿单层拉杆示意图（单位：mm）

④ 防倒装置设计

为了防止拱架安装时歪斜，在拱架两帮及拱顶侧搭设拱架防倒装置，总体布置见图 7-12，具体尺寸见图 7-13。为保证混凝土喷射质量，在拱架外侧铺设钢筋网，网片规格 2000mm×1000mm，网格 100mm×100mm。

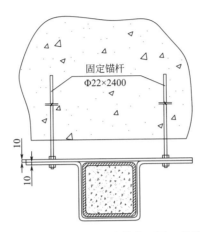

图 7-12 万福煤矿防倒装置总体布置图（单位：mm）

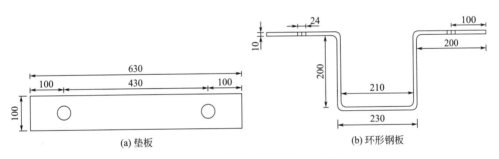

图 7-13 万福煤矿防倒装置具体尺寸（单位：mm）

⑤ 注浆口及排气孔设计

上台阶拱架两侧距离拱脚 600mm 处，开设直径 120mm 的注浆口，在拱顶及两侧 1000mm 处开设直径 20mm 的出气口。上台阶拱架架设完毕，先对上拱架进行注浆；待下台阶拱架安装后，再对下拱架进行注浆。注浆从两侧依次自下而上顶升灌注。当从左侧自下而上灌注时，顶部孔流出浆液，此时立即停泵，将泵管转移到另一侧的注浆口进行注浆，顶部孔出浆 5kg 时，证明拱架已满。

⑥ 关键部位补强

由于注浆口开设较大，在受力过程中极易出现应力集中，导致钢管破坏，因此在注浆口两侧焊接侧弯钢板补强。侧弯钢板厚度 10mm，具体尺寸见图 7-14。

同时，对拱顶处抗弯性能进行补强，在支架顶弧两侧加焊一段 1m 的增强板，提高拱架局部抗弯性能。

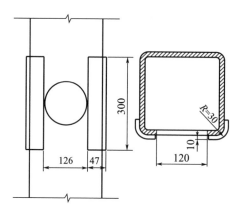

图 7-14　万福煤矿注浆口补强示意图（单位：mm）

3. 支护效果分析

为了评价支护效果，在万福煤矿内设置了相关监测断面，对拱架径向受力、钢表面应变、混凝土应变、巷道收敛变形进行监测，监测方案如图 7-15 所示，现场监测结果如图 7-16 所示。

（1）采用压力盒对拱顶、拱肩、帮的拱架径向受力进行监测。

（2）采用钢筋应变计对拱顶、拱肩、帮的拱架钢材表面应变情况进行监测。

（3）采用混凝土应变计对拱顶、拱肩、帮的混凝土应变情况进行监测。

（4）采用位移收敛尺对拱顶沉降、帮的收敛进行监测，图 7-15 未出现。

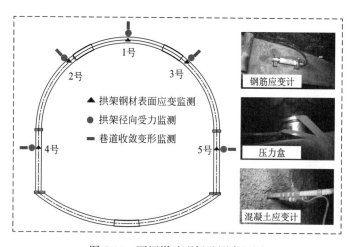

图 7-15　万福煤矿现场监测布置图

由图 7-16 监测结果分析可知：

（1）约束混凝土拱架在肩部和拱顶受力最大，监测断面左肩受力最大，左帮受力最小。

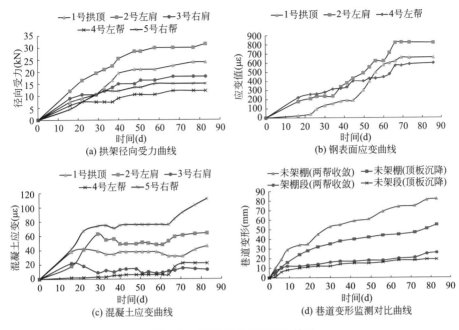

图 7-16 万福煤矿现场监测结果

（2）约束混凝土拱架左肩的应变监测值最大，最大值为 $820\mu\varepsilon$，远小于拱架钢材的极限应变值。

（3）混凝土在右帮的最终应变值最大，在右肩的最终应变值最小。各部位混凝土在 0～30d 内应变值增加较快，在 30～65d 内应变基本趋于稳定，在 65d 时各部位应变值又略有增加；混凝土整体应变值远小于极限应变值。

（4）将约束混凝土试验段与非试验段进行对比可知：未架棚段两帮收敛，顶板沉降值为 82mm、55mm。架棚段两帮收敛、顶板沉降值为 26mm、19mm，围岩控制效果明显。

综上可以看出，约束混凝土拱架支护可有效地控制胶带机头硐室的围岩变形，最终整体位移量约 20mm；且拱架钢材的最大应变值远小于极限应变值，具有较好的强度储备。约束混凝土拱架支护具有良好的围岩控制效果，有效保证了支护体系的安全性，现场应用效果如图 7-17 所示。

图 7-17 现场应用效果

7.1.4 赵楼煤矿现场应用

1. 工程背景

赵楼煤矿位于山东省菏泽市巨野矿区中部，设计年生产能力 300 万 t，最大埋深 1200m，地质构造复杂，最大主应力为水平应力，达 36.4MPa。赵楼煤矿南部 2 号轨道大巷是其最为重要的永久大巷之一，服务年限 60 年，该巷道围岩地质条件多变，掘进过程中多次穿越泥岩段，围岩裂隙发育、岩石极其破碎，结构松散。

赵楼煤矿南部 2 号轨道大巷岩层由上到下分别为粉砂岩 6m、粉砂细砂岩互层 5m、泥岩 14m、粉砂细砂岩互层 21m，巷道布置在泥岩层位中，巷道底板距离泥岩层底板 1～2m。其中，泥岩单轴抗压强度仅 11.6MPa，为典型软岩，且现场观测发现泥岩层岩体裂隙发育，导致围岩整体强度更低，给围岩的稳定性控制带来极大挑战。

现场巷道为直腿半圆形断面，净宽 5500mm，墙高 1950mm，支护形式为锚网（索）喷支护＋U29 拱架，如图 7-18 所示。锚杆尺寸为 Φ22mm×2400mm，间排距 800mm×800mm；锚索尺寸为直径 22mm×6200mm，间排距 2000mm×2400mm。拱架采用 4 节式的 U29 拱架，排距 800mm。在原支护方案下 U29 拱架出现了明显的屈曲破坏，不能满足该条件下的巷道围岩稳定性控制要求，如图 7-19 所示。

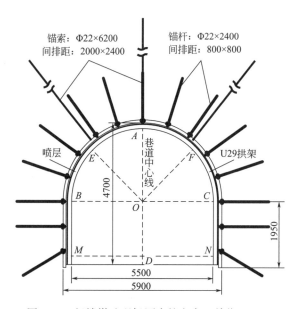

图 7-18 赵楼煤矿现场原支护方案（单位：mm）

2. 方案设计

基于赵楼煤矿现场工程地质情况，为保证赵楼煤矿巷道稳定性，选用约束混凝土拱架进行支护，拱架截面形式为正方形，钢管边长 150mm，壁厚为 8mm，钢管内充填 C40 强度等级混凝土，拱架每节均有灌注口和排气孔。拱架净宽 5000mm，净高 4300mm，排距 1m。对拱架的拱腰下部至起拱点段中部位置增设锚杆护板，以防止拱架在该位置过早屈服破坏而导致支护体系的整体失效。

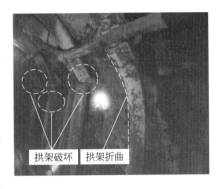

图 7-19　赵楼煤矿原支护下的现场破坏图

3. 支护效果分析

为明确约束混凝土拱架对围岩变形的控制效果，对原支护的 U29 拱架和新支护的约束混凝土拱架的受力与变形进行监测，监测点布置如图 7-20 所示。监测结果如图 7-21 所示，以 SQCC—7—D（F）为例代表 SQCC 拱架 7 号测点位移（径向力）监测结果。

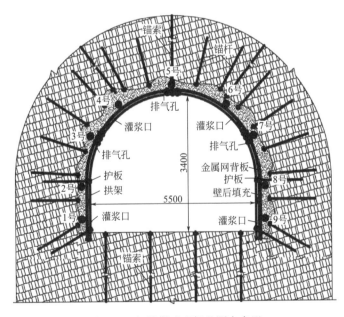

图 7-20　赵楼煤矿现场监测点布置

由图 7-21 可知：

现场应用结果表明，在 30d 以前，SQCC 拱架和 U29 拱架变形和径向力持续增加，在第 30～157d，SQCC 拱架变形和压力开始趋于稳定，围岩变形得到有效

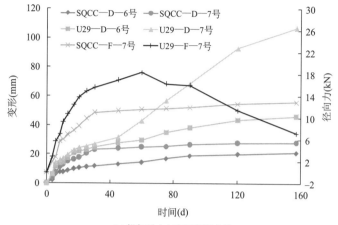

(a) 拱架受力与变形监测曲线

(b) 拱架受力与变形分布

图 7-21　现场监测结果

控制。而 U29 拱架在 7 号测点的变形持续增加，拱架径向力也持续变化，表明围岩变形还在持续，且 U29 拱架部分出现失稳破坏。

在 157d，采用 SQCC 拱架支护的巷道平均变形为 15.3mm，其中大部分测点变形小于 15mm；且 SQCC 拱架整体变形较小，SQCC 拱架和 U29 拱架平均压力差距较小。

现场应用过程中 SQCC 拱架肩部（3 号测点）变形最大，为 29.7mm；U29 拱架左直腿（2 号测点）变形最大，为 167.3mm，其次两肩（3 号测点、7 号测点）变形量也相对较大，均超过 100mm。SQCC 拱架各测点变形均小于 U29 拱架，表明 SQCC 拱架强度和刚度均高于 U29 拱架。应用结果表明在控制深部软岩矿井围岩变形方面，SQCC 拱架明显优于 U29 拱架，能更好地保证巷道稳定性。现场 SQCC 拱架支护情况如图 7-22 所示。

图 7-22　赵楼煤矿现场 SQCC 拱架支护情况

7.1.5　乐疃隧道现场应用

7.1.5.1　工程背景

乐疃隧道是位于我国山东省东部的一条超大断面双向八车道隧道。该隧道全长 2010m，最大开挖宽度与高度分别为 21.48m 与 14.29m。现场围岩以灰岩为主，现场施工时围岩松动破碎严重，形成大的孤石冒落，造成钢筋网破坏，拱架弯折，对现场施工安全造成极大威胁。因此，采用约束混凝拱架高强支护技术进行围岩变形控制。

7.1.5.2　方案设计

结合经济性评价指标对不同设计方案下的组合约束混凝土拱架进行分析，以指导乐疃隧道约束混凝土拱架的支护设计，经济性指标统计见表 7-3。

不同设计指标下组合拱架经济性能统计　　　　　　　　　　　　表 7-3

钢管壁厚（mm）	7	8	9	10	11
组合拱架总成本（元）	21436	24050	26626	29163	31661
极限承载力（kN）	1882.5	2476.7	3236.7	4228.0	4813.7
δ（kN/元）	0.088	0.114	0.122	0.145	0.152
混凝土强度等级	C20	C30	C40	C50	C60
组合拱架总成本（元）	23857	23940	24050	24216	24438
极限承载力（kN）	2280.1	2338.4	2476.7	2576.1	2695.0
δ（kN/元）	0.096	0.098	0.103	0.106	0.110

拱架间距（m）	0.6	0.8	1.0	1.2	1.4
组合拱架总成本（元）	23593	23821	24050	24277	24505
极限承载力（kN）	2632.0	2496.6	2476.7	2347.8	2274.2
δ（kN/元）	0.112	0.105	0.103	0.097	0.093
纵向连接环距（m）	0.5	1.0	1.5	2.0	2.5
组合拱架总成本（元）	25962	24521	24050	23515	23658
极限承载力（kN）	3198.1	2691.1	2476.7	2046.8	1981.6
δ（kN/元）	0.134	0.113	0.103	0.085	0.081

由表 7-2 分析可知：

（1）随着钢管壁厚的增加，经济性指标增大。钢管壁厚为 11mm 时，经济性指标最大，钢管壁厚对拱架极限承载力与总成本的提高，影响程度大，根据现场施工需要，钢管壁厚设计值可取 10～11mm。

（2）随着混凝土强度等级的增加，经济性指标增大，其中混凝土强度等级为 C60 时最高。混凝土强度等级对拱架极限承载力与总成本提高程度均较小，根据现场施工需要，混凝土强度等级设计值可选取工程常用的 C40～C60。

（3）随着拱架间距的增加，经济性指标减小，其中拱架间距为 0.6m 时最高。拱架间距对拱架极限承载力与总成本提高程度均较小，根据现场施工需要，拱架间距设计值可选取工程常用的 0.6～1.0m。

（4）随着纵向连接环距的增加，经济性指标减小，其中纵向连接环距为 0.5m 时最高。由于连接环距小于 1m 时，经济性指标明显降低，纵向连接环距设计值可选取 0.5～1.0m。

综上所述，在乐疃隧道约束混凝土拱架的支护设计和现场应用中，采用如下方案：方形钢管边长为 150mm，壁厚为 10mm，混凝土强度等级为 C40，拱架间距为 0.8m，纵向连接采用 Φ25mm 钢筋，环距为 1m。

7.1.5.3 支护效果分析

为检验约束混凝土拱架在大断面隧道中的围岩控制效果，选取现场隧道拱顶围岩变形量实时监测，监测结果如图 7-23 所示，约束混凝土拱架现场应用情况如图 7-24 所示。

监测结果表明，在约束混凝土拱架支护下，大断面隧道围岩变形很快趋于稳定，围岩整体变形较小，隧道围岩监测点最大变形量为 26.3mm，远小于设计允许变形量 120mm，表明约束混凝土拱架能够很好地控制大断面隧道围岩变形。

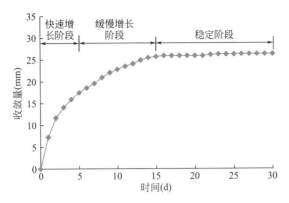

图 7-23 乐疃隧道围岩变形监测结果

图 7-24 乐疃隧道约束混凝土现场应用

7.1.6 龙鼎隧道现场应用

1. 工程背景

龙鼎隧道为山东省首条双向八车道，单洞四车道隧道，开挖宽度最大处达到20m，为超大断面公路暗挖隧道，具体地理位置如图 7-25 所示。

图 7-25 龙鼎隧道地理位置图

171

龙鼎隧道经过多条断层破碎带，断层破碎带产状较陡，岩溶化较强烈，多形成溶蚀裂隙、溶孔，围岩为中风化白云质灰岩，泥化严重，岩质软弱，软化性强。且两断层埋深大，达到 150～160m，是隧道支护的难点，加之隧道断面尺寸大，容易产生安全事故，给施工人员安全带来隐患。

2. 方案设计

基于龙鼎隧道现场工程地质情况，选用约束混凝土拱架进行支护，约束混凝土拱架形状为三心圆，截面形式采用边长为 150mm，壁厚为 8mm 的方形钢管，钢材型号为 Q345，混凝土强度等级为 C40，拱架间距为 1m，纵向连接采用 Φ25 钢筋。

3. 支护效果分析

为检验大断面隧道中的约束混凝土拱架支护效果，选取隧道拱顶、拱肩与拱腰关键部位进行收敛变形监测，监测结果如图 7-26 所示。

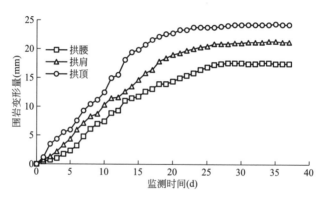

图 7-26　龙鼎隧道围岩变形监测曲线

通过现场监测结果可知，安装完成 30d 后围岩变形趋于稳定，拱顶最大变形量为 24.1mm，拱肩最大变形量为 21.2mm，拱腰最大变形量为 17.4mm，总体变形量较小。围岩变形总体呈现拱顶围岩变形量＞拱肩围岩变形量＞拱腰围岩变形量的特点。其中，拱顶的沉降量最大，但仍远小于设计的 80mm 预留变形量。可见，约束混凝土支护技术能够有效控制大断面交通隧道的围岩变形，现场支护情况如图 7-27 所示。

图 7-27　龙鼎隧道现场支护情况

7.2 约束混凝土支顶护帮结构设计方法及现场应用

基于约束混凝土支顶护帮结构支护技术的研究，提出相应支护设计方法，以千万吨级矿井—柠条塔煤矿、典型极近距离煤层矿井—芦家窑煤矿为工程背景进行现场应用。

7.2.1 约束混凝土支顶护帮结构设计方法

在支顶护帮结构力学模型、受力特点与承载特性的研究基础上，提出了切顶自成巷支顶护帮结构设计方法，如图 7-28 所示。

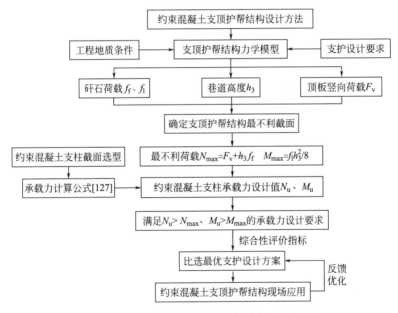

图 7-28 约束混凝土支顶护帮结构设计方法

（1）确定支顶护帮结构的外荷载：通过支顶护帮结构力学模型，得到采空区垮落岩体侧向荷载与支顶护帮结构所受的顶板竖向荷载。依据现场支顶护帮结构的约束条件，确定最不利截面及其最不利荷载。

（2）确定支顶护帮结构承载力：利用约束混凝土支顶护帮结构的承载力计算公式，得到不同支护方案下支顶护帮结构承载力设计值。

（3）比选最优支护设计方案：结合基于承载力、成本与施工效率的综合评价指标比选出最优支护设计方案，开展约束混凝土支顶护帮结构现场应用与反馈优化。定义综合评价指标为支顶护帮结构承载力与支护成本和支护结构重量乘积的比值。

7.2.2 柠条塔煤矿现场应用

1. 工程背景

柠条塔煤矿位居陕西省榆林市神木县，柠条塔煤矿 S1201—Ⅱ工作面倾向长度 280m，走向长度 2344m，可采煤层约 337 万 t，厚 3.8~4.4m，平均煤厚 4.1m，埋深 90~165m，倾角近水平，赋存稳定。

在柠条塔煤矿 S1201—Ⅱ工作面应用切顶自成巷技术，该工作面预留设顺槽走向长度 2344m，巷宽 6.2m，巷高 3.75m。切顶参数设计值为：切缝高度为 9m，切缝倾角为 10°，如图 7-29 所示。

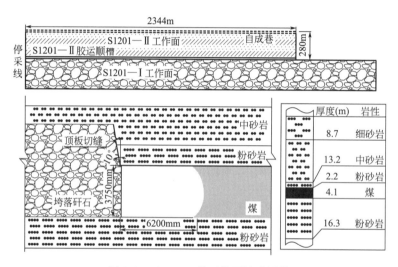

图 7-29 S1201—Ⅱ工作面地质概况

2. 方案设计

柠条塔煤矿 S1201—Ⅱ切顶自成巷采用"恒阻锚索＋支顶护帮结构"进行支护，其中顶板施打五列锚索，帮部施打三列锚索，支顶护帮结构立在采空区侧，对顶板进行高强支撑，如图 7-30 所示。

（1）锚杆（索）参数

锚索每排间距设计为 0.8m，在距切缝 0.5m 处布设第一根锚索，自切缝侧按间距 1245mm、1295mm、1230mm、1230mm 布设其余四根锚索。恒阻锚索长度为 10.5m，直径 21.8mm。预紧力为 28t。

（2）支顶护帮参数

① 垮落岩体侧向荷载

根据现场地质条件和工程经验得到，垮落岩体与切缝面的摩擦角 $\phi_1=20°$，垮落岩体内摩擦角 $\phi_2=35°$，垮落岩体与巷旁支护的摩擦角 $\phi_3=25°$。根据 2.2.4

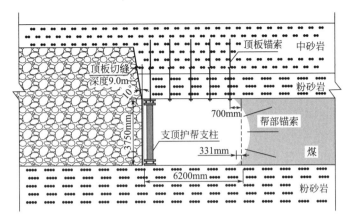

图 7-30 现场自成巷围岩支护图

节公式可计算得到垮落岩体与直接顶之间的均布荷载为 153.0kN/m，垮落岩体与巷帮支护之间的摩擦力 F_f 为 32.0kN/m，与巷帮支护之间的侧向均布荷载 F_l 为 68.6kN/m。

② 顶板竖向荷载

现场最大应力集中系数 $k=3$，计算可得实体煤帮侧向极限平衡区宽度为 8.9m。为保证支护结构的稳定，在计算自成巷顶板荷载时，不考虑基本顶下沉量与垮落岩体的支撑力，结合计算结果与上述地质参数，可计算得每延米巷道顶板所需的支护阻力 $F_v=1367.0$kN。

③ 支顶护帮结构的外荷载

约束混凝土支顶护帮结构的最不利荷载 $N_{max}=F_v+h_3F_f=1487.0$kN，$M_{max}=F_{lh}32/8=120.5$kN·m。考虑安全系数取 1.2，支顶护帮结构的承载力设计值为 1784.4kN，弯矩设计值为 $M=144.6$kN·m。

④ 支顶护帮结构的承载力

依据承载力计算公式对约束混凝土支顶护帮结构的承载力进行计算，折减系数 η 取 0.9。常见类型 SQCLC 与 CCLC 支柱的承载力与综合性指标如表 7-4、表 7-5、图 7-31 所示。

SQCLC 支柱承载力与综合性指标统计表　　　　　　表 7-4

编号	SQ1	SQ2	SQ3	SQ4	SQ5	SQ6
设计方案	220—6—LC40	220—8—LC40	220—10—LC40	250—6—C40	250—8—C40	250—10—LC40
极限承载力(kN)	1282.4	1456.5	1613.1	1798.2	2037.5	2254.5
质量(kg)	459.4	496.2	532.3	576.0	618.1	659.5
综合性评价指标 ($N×元^{-1}×kg^{-1}$)	2.55	2.13	1.83	2.44	2.05	1.77

CCLC 支柱承载力与综合性指标统计表　　　　表 7-5

编号	C1	C2	C3	C4	C5	C6
设计方案	245—6—LC40	245—8—LC40	245—10—LC40	273—6—LC40	273—8—LC40	273—10—LC40
极限承载力(kN)	1340.2	1519.1	1681.2	1768.1	1999.5	2210.3
质量(kg)	436.2	468.6	500.4	529.1	565.4	601.1
综合性评价指标 (N×元$^{-1}$×kg^{-1})	3.14	2.63	2.27	2.98	2.52	2.19

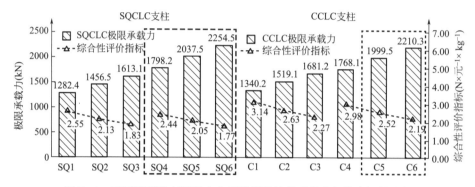

图 7-31　不同类型约束混凝土支顶护帮结构的承载力与综合评价指标

由图 7-31 分析可知：

SQ4、SQ5、SQ6、C5 与 C6 五种约束混凝土支顶护帮结构设计方案满足支护设计要求，在满足承载力设计要求的条件下，综合考虑到工程施工的经济性与施工效率，可得 C5 方案的综合评价指标最高，约束混凝土支顶护帮结构的质量最低。因此，选择 273—8—LC40 的圆形约束混凝土支顶护帮结构作为最优支护设计方案进行现场应用。

3. 支护效果分析

按照上述支顶护帮结构设计方法得到的方案，在柠条塔煤矿 S1201—Ⅱ 工作面进行应用。无煤柱自成巷工法中巷道在工作面开采时自动形成（留巷阶段），并在下一工作面继续使用（留巷复用阶段）。为对支顶护帮结构在留巷阶段与留巷复用阶段的围岩控制效果进行分析，对留巷阶段的围岩顶底板移进量进行监测，如图 7-32 所示。同时，对自成巷复用阶段支顶护帮结构进行受力监测，如图 7-33 所示。

由图 7-32 与图 7-33 分析可知，

（1）留巷阶段分析：成巷阶段可划分为过渡段、动压承载段和成巷稳定段。过渡段：由于采空区顶板垮落的滞后特性，巷道围岩较为稳定。动压承载段：采空区顶板在覆岩动压影响作用下发生垮落，围岩顶底板移进量逐渐增加。成巷稳

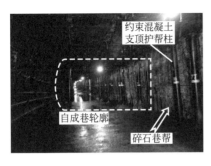
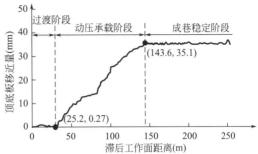

图 7-32　留巷阶段围岩支护效果

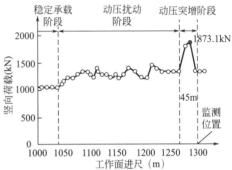

图 7-33　留巷复用阶段支顶护帮结构受力监测

定段：在滞后工作面 150m 后采空区形成稳定的碎石巷帮，顶底板移进量稳定在 35mm。

（2）留巷复用阶段分析：留巷复用阶段可划分为稳定承载阶段、动压扰动段与动压突增阶段。稳定承载阶段：支顶护帮结构与工作面的距离超过 300m，支顶护帮结构受力稳定在 1030kN。动压扰动阶段：该阶段受采空区顶板垮落岩体的动压影响，支顶护帮结构的受力增加，在 1030～1400kN 内波动。动压突增阶段：由于支护断面附近的采空区顶板垮落，导致支顶护帮结构的受力突增至 1873.1kN。随着采空区垮落岩体的稳定，支顶护帮结构的受力为 1346.3kN。

上述成巷与留巷复用阶段的监测结果表明，轻型约束混凝土支顶护帮结构能够有效控制自成巷围岩变形，现场支顶护帮结构的最大受力为 1873.1kN，仍在支顶护帮结构极限承载力之内，能够保证自成巷围岩稳定。留巷复用阶段稳定承载段的受力与 2.2.4 节理论计算得到的竖向支护阻力与相差为 32.7%。上述围岩控制效果与支顶护帮结构受力验证了无煤柱自成巷支顶护帮结构力学模型与设计方法的合理性与正确性。

7.2.3 芦家窑煤矿现场应用

1. 工程背景

芦家窑煤矿位于山西省朔州市，主采煤层为 4—2 煤层，其中 84206 工作面与 84204 工作面相邻，留设煤柱 20m，工作面平均埋深 270m，开切眼长度 223m，回风巷高 3.5m，宽 5.4m，采用切顶自成巷技术对 84206 回风巷进行保留，作为 84208 工作面服务巷道。计划留巷长度为 1180m。切顶参数设计值为：高度 5m，角度 15°，如图 7-34 所示。考虑到巷道上方存在近距离的采空区，工作面开采过程中矿压显现剧烈。因此，为保证切顶自成巷围岩稳定性，采用约束混凝土支顶护帮技术对自成巷进行支护。

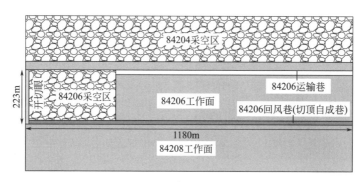

图 7-34 84206 工作面概况图

2. 方案设计

自成巷断面支护参数图如图 7-35 所示，具体内容如下：

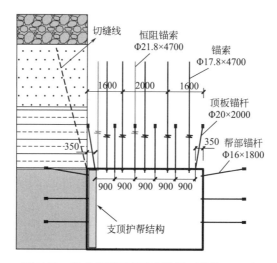

图 7-35 自成巷断面支护参数图（单位：mm）

① 顶板锚杆和锚索：顶板锚杆选用 Φ20mm×2000mm 左旋无纵筋等强金属锚杆，间距 900mm，排距 1000mm；顶板锚索选用 Φ17.8mm×4700mm 的钢绞线，间排距为 1000mm×2000mm。同时采用恒阻锚索加强支护，恒阻锚索选用 Φ21.8mm×4700 钢绞线，恒阻值为（33±2）t，预紧力不小于 28t。第一列恒阻锚索距预留巷道回采帮 400mm，排距 800mm；第二列恒阻锚索布置巷中，排距为 2000mm，第二列距第一列 1850mm。

② 帮部锚杆：煤柱侧巷帮使用 Φ16mm×1800mm 左旋无纵筋等强金属锚杆，每排 3 根；回采侧巷帮使用 Φ18mm×800mm 玻璃钢锚杆支护，每排 3 根。

③ 支顶护帮结构：在碎石巷帮一侧等间距（1m）设置约束混凝土支顶护帮结构，支柱直径 300mm，壁厚 20mm，高度 3.4m，内部填充 C50 混凝土。

3. 支护效果分析

为了明确约束混凝土支顶护帮结构对自成巷围岩变形的控制效果，对现场自成巷围岩变形进行监测，监测结果如图 7-36 所示。

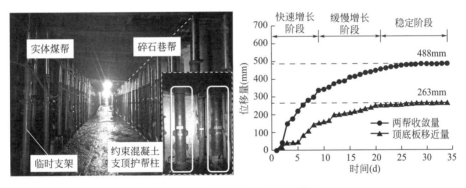

图 7-36　自成巷围岩变形监测结果

由图 7-36 分析可知：在对自成巷进行支护后，巷道围岩的变形经过了快速增长阶段、缓慢增长阶段和稳定增长阶段。在快速增长阶段，自成巷顶底板与两帮出现较明显的变形，收敛速度分别为 16.8mm/d 与 40.7mm/d；在缓慢增长阶段，自成巷顶底板与两帮的变形速度逐渐放缓，收敛速度分别为 8.3mm/d 与 12.0mm/d；在稳定阶段，自成巷围岩的变形趋于稳定，顶底板与两帮的最大变形量分别为 263mm 与 488mm。结果表明，约束混凝土支顶护帮支护技术可以有效保证自成巷围岩的稳定性。

7.3　本章小结

（1）提出了约束混凝土拱架支护设计方法，在梁家煤矿、万福煤矿、乐疃隧道、龙鼎隧道等典型复杂地下工程中进行应用，现场围岩控制效果显著，保证了地下工程的安全施工。

（2）提出了约束混凝土支顶护帮支护设计方法，在柠条塔煤矿与芦家窑煤矿中进行现场应用，实现了自成巷顶板围岩与碎石巷帮变形的稳定控制，取得了良好的工程应用效果。

（3）约束混凝土支护体系作为一种新型支护体系，具有承载能力大、施工便捷度高、制作成本低的特点，拥有广阔的应用前景和市场潜力。

参考文献

[1] 钱七虎. 地下工程建设安全面临的挑战与对策 [J]. 岩石力学与工程学报，2012，31（10）：1945—1956.

[2] 钱七虎，戎晓力. 中国地下工程安全风险管理的现状、问题及相关建议 [J]. 岩石力学与工程学报，2008，（04）：649—655.

[3] 朱合华，丁文其，乔亚飞，等. 简析我国城市地下空间开发利用的问题与挑战 [J]. 地学前缘，2019，26（03）：22—31.

[4]《中国公路学报》编辑部. 中国隧道工程学术研究综述·2015 [J]. 中国公路学报，2015，28（05）：1—65.

[5] 洪开荣，冯欢欢. 中国公路隧道近 10 年的发展趋势与思考 [J]. 中国公路学报，2020，33（12）：62—76.

[6] 田四明，王伟，巩江峰. 中国铁路隧道发展与展望（含截至 2020 年底中国铁路隧道统计数据）[J]. 隧道建设（中英文），2021，41（02）：308—325.

[7] 蒋树屏，林志，王少飞. 2018 年中国公路隧道发展 [J]. 隧道建设（中英文），2019，39（07）：1217—1220.

[8] 洪开荣. 近 2 年我国隧道及地下工程发展与思考（2017—2018 年）[J]. 隧道建设（中英文），2019，39（05）：710—723.

[9] 洪开荣，冯欢欢. 近 2 年我国隧道及地下工程发展与思考（2019—2020 年）[J]. 隧道建设（中英文），2021，41（08）：1259—1280.

[10] 李全生. 蒙东草原区大型露天煤矿减损开采与生态修复关键技术 [J]. 采矿与安全工程学报，2023，40（05）：905—915.

[11] 杨仁树，李成孝，陈骏，等. 我国煤矿岩巷爆破掘进发展历程与新技术研究进展 [J]. 煤炭科学技术，2023，51（01）：224—241.

[12] 国家统计局. 中华人民共和国 2022 年国民经济和社会发展统计公报 [J]. 中国统计，2023，（03）：12—29.

[13] 康红普. 我国煤矿巷道围岩控制技术发展 70 年及展望 [J]. 岩石力学与工程学报，2021，40（01）：1—30.

[14] Wang Qi，Jang Bei，Pan Rui，et al. Failure mechanism of surrounding rock with high stress and confined concrete support system [J]. International Journal of Rock Mechanics and Mining Sciences，2018，102：89—100.

[15] 侯朝炯. 深部巷道围岩控制的关键技术研究 [J]. 中国矿业大学学报，2017，46（05）：970—978.

[16] 刘泉声，肖虎，卢兴利，等. 高地应力破碎软岩巷道底臌特性及综合控制对策研究 [J]. 岩土力学，2012，33（06）：1703—1710.

[17] Wang Qi，He Manchao，Yang Jun，et al. Study of a no-pillar mining technology for long wall mining in coal mines [J]. International Journal of Rock Mechanics and Mining Sciences，2018，110：1—8.

[18] 张祉道. 家竹箐隧道施工中支护大变形的整治 [J]. 世界隧道，1997，(01)：7—16.

[19] 陈绍华，李志平，马栋. 青藏铁路新关角隧道 [J]. 隧道建设，2017，37 (07)：907—911.

[20] 汪波，喻炜，訾信，等. 软岩大变形隧道不同支护模式的合理性探讨——以木寨岭公路隧道为例 [J]. 隧道建设（中英文），2023，43 (01)：36—47.

[21] 李国良，朱永全. 乌鞘岭隧道高地应力软弱围岩大变形控制技术 [J]. 铁道工程学报，2008，(03)：54—59.

[22] 李光令，王兵. 鹧鸪山隧道坍方处理技术措施 [J]. 现代隧道技术，2003，(06)：70—72.

[23] 朱合华，蔡武强，梁文灏. GZZ 岩体强度三维分析理论与深埋隧道应力控制设计分析方法 [J]. 岩石力学与工程学报，2023，42 (01)：1—27.

[24] 王琦，潘锐，李术才，等. 三软煤层沿空巷道破坏机制及锚注控制 [J]. 煤炭学报，2016，41 (05)：1111—1119.

[25] 王卫军，袁超，余伟健，等. 深部大变形巷道围岩稳定性控制方法研究 [J]. 煤炭学报，2016，41 (12)：2921—2931.

[26] 韩森，王卫军，董恩远，等. 基于支护干涉的巷道围岩蝶形塑性区控制方法研究 [J]. 采矿与安全工程学报，2023，40 (04)：743—753.

[27] 朱光丽，王树立，张开智，等. 深部大型硐室壳体均撑支护控制技术 [J]. 采矿与安全工程学报，2018，35 (03)：525—531.

[28] 何满潮，高玉兵，盖秋凯，等. 无煤柱自成巷力学原理及其工法 [J]. 煤炭科学技术，2023，51 (01)：19—30.

[29] 王琦，张朋，蒋振华，等. 深部高强锚注切顶自成巷方法与验证 [J]. 煤炭学报，2021，46 (02)：382—397.

[30] 韩兴博，叶飞，冯浩岚，等. 深埋黄土盾构隧道围岩压力解析 [J]. 岩土工程学报，2021，43 (07)：1271—1278+1377.

[31] 左建平，刘海雁，徐丞谊，等. 深部煤矿巷道等强支护力学理论与技术 [J]. 中国矿业大学学报，2023，52 (04)：625—647.

[32] 徐栓强，俞茂宏，胡小荣. 基于双剪统一强度理论的地下圆形洞室稳定性的研究 [J]. 煤炭学报，2003，(05)：522—526.

[33] 贺永年，韩立军，邵鹏，等. 深部巷道稳定的若干岩石力学问题 [J]. 中国矿业大学学报，2006，(03)：288—295.

[34] 冯卫星，徐明新. 铁路隧道新奥法施工新实践 [J]. 岩石力学与工程学报，2001，(04)：524—526.

[35] Salamon M D G. Energy considerations in rock mechanics：fundamental results [J]. Journal of the South African Institute of Mining and Metallurgy，1984，84 (08)：233—246.

［36］ Gale W J，Blackwood R W. Stress distributions and rock failure around coal mine roadways ［J］. International Journal of Rock Mechanics and Mining Sciences and Geomechanics Abstracts，1987，24（03）：165—173.

［37］ 陈宗基. 对我国土力学、岩体力学中若干重要问题的看法［J］. 土木工程学报，1963，（05）：24—30.

［38］ 于学馥. 轴变论与围岩变形破坏的基本规律［J］. 铀矿冶，1982，（01）：8—17+7.

［39］ 于学馥，乔端. 轴变论和围岩稳定轴比三规律［J］. 有色金属，1981，（03）：8—15.

［40］ 董方庭，宋宏伟，郭志宏，等. 巷道围岩松动圈支护理论［J］. 煤炭学报，1994，（01）：21—32.

［41］ 冯豫. 我国软岩巷道支护的研究［J］. 矿山压力与顶板管理，1990，（02）：42—44+67—72.

［42］ 陆家梁. 松软岩层中永久洞室的联合支护方法［J］. 岩土工程学报，1986，（05）：50—57.

［43］ 孙钧，潘晓明，王勇. 隧道软弱围岩挤压大变形非线性流变力学特征及其锚固机制研究［J］. 隧道建设，2015，35（10）：969—980.

［44］ 郑雨天，祝顺义，李庶林，等. 软岩巷道喷锚网——弧板复合支护试验研究［J］. 岩石力学与工程学报，1993，（01）：1—10.

［45］ 方祖烈. 拉压域特征及主次承载区的维护理论，世纪之交软岩工程技术现状与展望［M］. 北京：煤炭工业出版社，1999.

［46］ 何满潮. 软岩工程力学［M］. 北京：科学出版社，2002.

［47］ 康红普，林健，吴拥政. 全断面高预应力强力锚索支护技术及其在动压巷道中的应用［J］. 煤炭学报，2009，34（09）：1153—1159.

［48］ 袁亮，薛俊华，刘泉声，等. 煤矿深部岩巷围岩控制理论与支护技术［J］. 煤炭学报，2011，36（04）：535—543.

［49］ He Manchao，Wang Qi. Excavation compensation method and key technology for surrounding rock control［J］. Engineering Geology，2022，307：106784.

［50］ 单仁亮，彭杨皓，孔祥松，等. 国内外煤巷支护技术研究进展［J］. 岩石力学与工程学报，2019，38（12）：2377—2403.

［51］ 康红普. 煤巷锚杆支护理论与成套技术［M］. 北京：煤炭工业出版社，2007.

［52］ 康红普，吴拥政，何杰，等. 深部冲击地压巷道锚杆支护作用研究与实践［J］. 煤炭学报，2015，40（10）：2225—2233.

［53］ Wang Qi，Xu Shuo，He Manchao，et al. Dynamic mechanical characteristics and application of constant resistance energy-absorbing supporting material［J］. International Journal of Mining Science and Technology，2022，32（03）：447—458.

［54］ Wang Qi，Xu Shuo，Xin Zhongxin，et al. Mechanical properties and field application of constant resistance energy-absorbing anchor cable［J］. Tunnelling and Underground Space Technology，2022，125：104526.

［55］ 何满潮，郭志飚. 恒阻大变形锚杆力学特性及其工程应用［J］. 岩石力学与工程学报，

2014，33（07）：1297—1308.

[56] Charlie Chunlin Li. Performance of D-bolts under static loading conditions [J]. Rock Mechanics and Rock Engineering，2012，45（02）：183—192.

[57] 李春林. 岩爆条件和岩爆支护 [J]. 岩石力学与工程学报，2019，38（04）：674—682.

[58] 江贝，王琦，魏华勇，等. 地下工程吸能锚杆研究现状与展望 [J]. 矿业科学学报，2021，6（05）：569—580.

[59] Varden R，Lachenicht R. Development and implementation of the Garford Dynamic Bolt at the Kanowna Belle Mine [C]. 10th Underground Operators' Conference，Launceston，2008.

[60] 杨仁树，薛华俊，郭东明，等. 基于注浆试验的深井软岩 CT 分析 [J]. 煤炭学报，2016，41（02）：345—351.

[61] 王连国，陆银龙，黄耀光，等. 深部软岩巷道深——浅耦合全断面锚注支护研究 [J]. 中国矿业大学学报，2016，45（01）：11—18.

[62] 刘学伟，刘泉声，刘滨等. 考虑损伤效应的岩体裂隙扩展数值模拟研究 [J]. 岩石力学与工程学报，2018，37（S2）：3861—3869.

[63] Wang Qi，Qin Qian，Jiang Bei，et al. Study and engineering application on the bolt-grouting reinforcement effect in underground engineering with fractured surrounding rock [J]. Tunnelling and Underground Space Technology，2019，84：237—247.

[64] 潘锐，王雷，王凤云，等. 破碎围岩下注浆锚索锚固性能及参数试验研究 [J]. 采矿与安全工程学报，2022，39（06）：1108—1115.

[65] 王琦，高红科，蒋振华，等. 地下工程围岩数字钻探测试系统研发与应用 [J]. 岩石力学与工程学报，2020，39（02）：301—310.

[66] 高红科，王琦，李术才，等. 注浆岩体强度随钻评价试验研究 [J]. 采矿与安全工程学报，2021，38（02）：326—333.

[67] 康红普，林健，杨景贺，等. 松软破碎硐室群围岩应力分布及综合加固技术 [J]. 岩土工程学报，2011，33（05）：808—814.

[68] 江贝，李术才，王琦，等. 三软煤层巷道破坏机制及锚注对比试验 [J]. 煤炭学报，2015，40（10）：2336—2346.

[69] 刘泉声，卢超波，刘滨，等. 深部巷道注浆加固浆液扩散机理与应用研究 [J]. 采矿与安全工程学报，2014，31（03）：333—339.

[70] 王琦，张皓杰，江贝，等. 深部大断面硐室破坏机制与锚注控制方法研究 [J]. 采矿与安全工程学报，2020，37（06）：1094—1103.

[71] Baumann T，Betzle M. Investigation of the performance of lattice girders in tunneling [J]. Rock Mechanics and Rock Engineering，1984，17（2），67—81.

[72] 何川，唐志成，汪波，等. 应力场对缺陷隧道承载力影响的模型试验研究 [J]. 地下空间与工程学报，2009，5（02）：227—234.

[73] 邓铭江，谭忠盛. 超特长隧洞 TBM 集群试掘进阶段适应性分析 [J]. 隧道建设（中英文），2019，39（01）：1—22.

[74] 张顶立，陈峰宾，房倩. 隧道初期支护结构受力特性及适用性研究 [J]. 工程力学，

2014，31（07）：78—84.

[75] 江玉生，江华，王金学，等．公路隧道Ⅴ级围岩初支型钢支架受力分布及动态变化研究
[J]．工程地质学报，2012，20（03）：453—458.

[76] 侯朝炯．巷道金属支架 [M]．北京：煤炭工业出版社，1989.

[77] 何满潮，齐干，许云良，等．深部软岩巷道锚网索耦合支护设计及施工技术 [J]．煤炭
工程，2007，（03）：30—33.

[78] 康红普，范明建，高富强，等．超千米深井巷道围岩变形特征与支护技术 [J]．岩石力
学与工程学报，2015，34（11）：2227—2241.

[79] 左建平，孙运江，文金浩，等．深部巷道全空间协同控制技术及应用 [J]．清华大学学
报（自然科学版），2021，61（08）：853—862.

[80] 刘泉声，康永水，白运强．顾桥煤矿深井岩巷破碎软弱围岩支护方法探索 [J]．岩土力
学，2011，32（10）：3097—3104.

[81] 王琦，李术才，李为腾，等．深部煤巷高强让压型锚索箱梁支护系统研究 [J]．采矿与
安全工程学报，2013，30（02）：173—180＋187.

[82] 周英三．日本青函隧道工程进展情况 [J]．铁道科技动态，1979，（04）：38—40.

[83] 符华兴．钢管混凝土支撑在不良地质隧道中的应用 [J]．铁道标准设计通讯，1984，
（03）：11—16.

[84] 王琦，肖宇驰，江贝，等．交通隧道高强约束混凝土拱架性能研究与应用 [J]．中国公
路学报，2021，34（09）：263—272.

[85] Wang Qi, Luan Yingcheng, Jiang Bei, et al. Study on key technology of tunnel fabricated
arch and its mechanical mechanism in the mechanized construction [J]. Tunnelling and
Underground Space Technology, 2019, 83: 187—194.

[86] Jiang Bei, Xin Zhongxin, Wang Qi, et al. Experimental and numerical study on the bear-
ing behaviour of confined concrete arch for a traffic tunnel [J]. International Journal of
Civil Engineering, 2024, 22 (1): 113—124.

[87] 臧德胜，李安琴．钢管砼支架的工程应用研究 [J]．岩土工程学报，2001，（03）：342—344.

[88] 高延法，王波，王军，等．深井软岩巷道钢管混凝土支护结构性能试验及应用 [J]．岩
石力学与工程学报，2010，29（S1）：2604—2609.

[89] 高延法，何晓升，陈冰慧，等．特厚富水软岩巷道钢管混凝土支架支护技术研究 [J]．
煤炭科学技术，2016，44（01）：84—89.

[90] 刘立民，赵世军，曹君陟，等．平煤十矿曲面D型钢管混凝土支架支护技术 [J]．山东
科技大学学报（自然科学版），2015，34（02）：7—13.

[91] 王琦，江贝，杨军．地下工程约束混凝土控制理论与工程实践 [M]．北京：科学出版
社，2019.

[92] Wang Qi, Luan Yingcheng, Jiang Bei, et al. Mechanical behaviour analysis and support
system field experiment of confined concrete arches [J]. Journal of Central South Univer-
sity, 2019, 26 (4): 970—983.

[93] Jiang Bei, Qin Qian, Wang Qi, et al. Study on mechanical properties and influencing fac-

tors of confined concrete arch in underground engineering with complex conditions [J]. Arabian Journal of Geosciences, 2019, 12 (21): 113—124.

[94] 王琦, 李为腾, 李术才, 等. 深部巷道 U 型约束混凝土拱架力学性能及支护体系现场试验研究 [J]. 中南大学学报 (自然科学版), 2015, 46 (06): 2250—2260.

[95] Jiang Bei, Wang Mingzi, Wang Qi, et al. Theoretical study of bearing capacity calculation model for multi-segment confined concrete arch and design method in underground engineering [J]. Environmental Earth Sciences, 2024, 83 (7).

[96] 李术才, 王新, 王琦, 等. 深部巷道 U 型约束混凝土拱架力学性能研究及破坏特征 [J]. 工程力学, 2016, 33 (01): 178—187.

[97] Wang Qi, Jiang Bei, Li Shucai, et al. Experimental studies on the mechanical properties and deformation & failure mechanism of U-type confined concrete arch centering [J]. Tunnelling and Underground Space Technology, 2016, 51: 20—29.

[98] Jiang Bei, Xu Shuo, Wang Qi, et al. Study on bearing capacity of combined confined concrete arch in large-section tunnel [J]. Steel And Composite Structures, 2024, 51 (2): 117—216.

[99] 臧德胜, 韦潞. 钢管混凝土支架的研究和实验室试验 [J]. 建井技术, 2001, (06): 25—28.

[100] 刘国磊. 钢管混凝土支架性能与软岩巷道承压环强化支护理论研究 [D]. 北京, 中国矿业大学 (北京), 2013.

[101] 曲广龙. 钢管混凝土支架结构抗弯性能研究及应用 [D]. 北京, 中国矿业大学 (北京), 2013.

[102] 魏建军, 蒋斌松. 钢管混凝土可缩拱架承载性能试验研究 [J]. 采矿与安全工程学报, 2013, 30 (06): 805—811.

[103] 江贝. 超大断面隧道软弱围岩约束混凝土控制机理及应用研究 [D]. 济南, 山东大学, 2016.

[104] Li Shucai, Wang Qi, Jiang Bei, et al. Modeling and Experimental Study of Mechanical Properties of Confined Concrete Arch in Complicated Deep Underground Engineering [J]. International Journal of Geomechanics, 2017, 17 (06): 04016137.

[105] 侯和涛, 马素, 王琦, 等. 薄壁钢管混凝土拱架在隧道支护中的受力特性 [J]. 中南大学学报 (自然科学版), 2017, 48 (05): 1316—1325.

[106] 李术才, 邵行, 江贝, 等. 深部巷道方钢约束混凝土拱架力学性能及影响因素研究 [J]. 中国矿业大学学报, 2015, 44 (03): 400—408.

[107] Wang Qi, Xin Zhongxin, Jiang Bei, et al. Comparative experimental study on mechanical mechanism of combined arches in large section tunnels [J]. Tunnelling and Underground Space Technology, 2020, 99: 103386.

[108] 高延法, 李学彬, 王军, 等. 钢管混凝土支架注浆孔补强技术数值模拟分析 [J]. 隧道建设, 2011, 31 (04): 426—430.

[109] Chang Xu, Fu Lei, Zhao Hongbo, et al. Behaviors of axially loaded circular concrete-filled steel tube (CFT) stub columns with notch in steel tubes [J]. Thin-Walled Struc-

tures，2013，73：273—280.

[110] 王琦，于恒昌，江贝，等．方钢约束混凝土拱架补强机制研究及应用 [J]．工程科学学报，2017，39（08）：1141—1151.

[111] 卢玉华，姜宝凤，王琦，等．U 型约束混凝土补强机制研究及应用 [J]．采矿与安全工程学报，2018，35（01）：34—39.

[112] Li Shucai，Wang Qi，Lu Wei，et al. Study on failure mechanism and mechanical properties of casing joints of square steel constrained confined concrete arch [J]．Engineering Failure Analysis，2018，92：539—552.

[113] 孙会彬．大断面隧道装配式约束混凝土支护稳定承载机制及关键技术研究 [D]．济南，山东大学，2019.

[114] 山东省住房和城乡建设厅．——公路隧道方钢约束混凝土支护体系施工工法，SD-SJGF731-2017 [S].

[115] 山东省住房和城乡建设厅．——隧道支护体系机械化施工工法：SDSJGF35—2018 [S].

[116] 煤炭行业（部级）工法．U 型钢约束混凝土拱架巷道支护施工方法，BJGF027-2014 [S]．中国煤炭建设协会．

[117] 中国煤炭建设协会．高应力软岩巷道方型钢管约束混凝土拱架立体支护体系施工方法：BJGF018—2014 [S].

[118] 谷拴成，刘皓东．钢管混凝土拱架在地铁隧道中的应用研究 [J]．铁道建筑，2009，（12）：56—60.

[119] Jiang Bei，Xin Zhongxin，Zhang Xiufeng，et al. Mechanical properties and influence mechanism of confined concrete arches in high-stress tunnels [J]．International Journal of Mining Science and Technology，2023，33（7）：829—841.

[120] 王思，申磊，刘国磊．钢管混凝土支架支护设计与应用 [J]．华北科技学院学报，2012，9（01）：50—54.

[121] 谷拴成，史向东．钢管混凝土拱架在煤矿软岩巷道中的应用研究 [J]．建筑结构学报，2013，34（S1）：359—364.

[122] 李帅．千米深井钢管混凝土支架支护技术 [J]．江西煤炭科技，2017，（02）：25—28.

[123] 李剑锋．新安煤矿深井软岩硐室钢管混凝土支架支护设计与应用 [J]．煤炭工程，2014，46（10）：109—111.

[124] 杨惠元，黎明镜．清水营煤矿极软岩井底车场支护技术分析 [J]．煤炭技术，2018，37（05）：43—46.

[125] 杨明，华心祝，毛永江．高膨胀性软岩巷道支护技术 [J]．煤矿安全，2014，45（12）：89—91＋95.

[126] 毛庆福，王军．基于钢管混凝土支架的复合支护技术在断层破碎带巷道中的应用研究 [J]．中国煤炭，2019，45（05）：95—101.

[127] 韩林海．钢管混凝土结构：理论与实践 [M]．北京：科学出版社，2016.

[128] 丁发兴，应小勇，余志武．轻骨料混凝土单轴力学性能统一计算方法 [J]．中南大学学报（自然科学版），2010，41（05）：1973—1979.